应变硅纳米 MOS 器件辐照效应及加固技术

郝敏如 著

中国石化出版社

内容提要

本书在介绍 MOS 器件辐照效应的基础上，主要阐述了应变 Si 技术及 MOS 器件辐照效应产生机理、单轴应变 Si 纳米沟道 MOS 器件设计与制造、应变 Si MOS 器件 γ 射线总剂量辐照损伤机制、单轴应变 Si 纳米 MOS 器件总剂量辐照阈值电压模型、总剂量辐照对单轴应变 Si 纳米 MOS 器件栅电流的研究、单轴应变结构对 Si NMOS 器件单粒子瞬态影响研究和应变 Si NMOS 器件单粒子效应及加固技术研究等内容。

本书可供从事微电子器件可靠性的技术及研究人员使用，也可供高等院校相关专业师生参考。

图书在版编目(CIP)数据

应变硅纳米 MOS 器件辐照效应及加固技术 / 郝敏如著.
—北京：中国石化出版社，2020.5
ISBN 978 - 7 - 5114 - 5793 - 6

Ⅰ.①应…　Ⅱ.①郝…　Ⅲ.①应变-硅-纳米材料-微电子技术-电子器件-辐射②应变-硅-纳米材料-微电子技术-电子器件-加固　Ⅳ.①TN4

中国版本图书馆 CIP 数据核字(2020)第 068939 号

中国石化出版社出版发行
地址:北京市东城区安定门外大街 58 号
邮编:100011　电话:(010)57512500
发行部电话:(010)57512575
http://www.sinopec-press.com
E-mail:press@sinopec.com
北京富泰印刷有限责任公司印刷
全国各地新华书店经销
*
710×1000 毫米 16 开本 12.5 印张 228 千字
2020 年 5 月第 1 版　2020 年 5 月第 1 次印刷
定价:68.00 元

前言
Preface

随着微电子技术的快速发展，以互补型金属氧化物半导体（CMOS 器件）技术为主导的集成电路技术已进入纳米尺度，按照等比例缩小的原则，MOS 器件栅氧化层厚度也随之减小，从而引起栅泄漏电流增大，故导致整个电路静态功耗急剧增大以及电学性能的退化甚至失效，成为集成电路持续发展的瓶颈。因此，对于新材料、新工艺及新器件的开发探索提出更高要求，而由于应变 Si 技术载流子迁移率高、带隙可调且与现有 Si 工艺相兼容等优势，故其是目前提高应变集成技术的重要途径之一。随着应变集成器件及电路技术在空间、军事等领域的广泛应用，在辐照条件下应变集成器件及电路的应用将会越来越多，因此辐照特性及加固技术对应变集成器件的研究越来越重要。

本书揭示了应变器件在辐照条件下电学性能的演化规律，建立并验证了相应的电学特性退化模型，提出一种新型的抗单粒子辐照加固器件结构。首先，完成了用于辐照研究的单轴应变 Si 纳米沟道 MOS 器件设计与制造，该成果可保障不同规格的纳米 MOS 器件辐照试验样品；其次，基于在 γ 射线辐照条件下单轴应变 Si 纳米 N 型金属氧化物半导体场效应晶体管载流子的微观输运机制，揭示了单轴应变 Si 纳米 MOS 器件电学特性随总剂量辐照的变化规律，建立了单轴应变 Si 纳米沟道 MOS 器件阈值电压与栅电流总剂量辐照模型，该成果精确反映了总剂量辐照对 MOS 器件阈值电压与栅电流的影响，可应用于总剂量辐照条件下器件阈值电压与可靠性评价；最后，揭示了应变 Si MOS 器件单粒子瞬态效应的损伤机制，通过仿真验证了单轴应变 Si 纳米沟道 MOS 器件单粒子辐照漏斗模型，提出了单轴应变 Si 纳米沟道 MOS 器件抗单粒子辐照加固技术。本书研究内容为今后应变 Si 集成器件的辐照可靠性及电路应用提供了实践基础与理论依据。

在此书写作过程中，非常感谢我的所有领导、老师、同学以及家人给予我无限的支持与鼓励；另外，本书获西安石油大学优秀学术著作出版基金资助出版，在此表示最诚挚的谢意。

由于作者的水平有限以及时间限制，书中难免存在很多问题与不足，敬请各位读者批评指正。

目录
CONTENTS

1

绪 论

1.1 引　　言

在外太空航天技术等高科技领域，微电子器件与集成电路是航空航天电子装备的核心，然而空间辐射及核辐射会对这些高性能电子元器件及集成电路造成一定影响，极大程度降低了系统的可靠性，从而制约了我国航空航天技术的快速发展。

辐射环境包括空间辐射环境和核辐射环境。运行在空间的人造卫星、航天器等电子系统中的电子元器件暴露在辐射环境下，其器件中半导体材料被电离而产生电子-空穴对，这些额外的电荷对器件的电学特性造成一定影响，严重缩短了系统的寿命。

总剂量效应（TID）是影响器件整体功能和性能的效应。辐射作用所产生的辐射损伤对器件性能的影响程度，取决于器件材料受辐射而积累的总能量。TID 效应是由于器件长期积累的辐射能量，使器件功能以及性能参数退化，其辐射主要来源于空间带电粒子，如俘获带中的电子、质子等。因此，研究总剂量辐照下微电子器件的电学性能退化规律对航空航天技术具有一定的理论指导意义。

单粒子效应（SEE）与总剂量效应不同，是对器件内的局部某个或几个 P-N 结产生的影响，是发生在器件内部布局节点的扰动效应，这种扰动经传输、放大或诱发其他寄生效应，可能造成错误或损伤。单粒子效应是指单个高能粒子穿过半导体器件的灵敏区时造成器件状态异常的一种辐射效应，包括单粒子翻转、单粒子锁定、单粒子烧毁、单粒子栅击穿等。SEE 是指当单个粒子穿过器件时，在其轨迹上所产生的高密度电荷，对器件性能和状态的影响。高能单粒子轰击 MOS 器件，在靠近漏极的耗尽区产生大量的电子-空穴对，导致器件失效而无法正常运行，故对 MOS 器件单粒子效应及加固技术的研究与总剂量辐照效应的研究同等重要且不能忽视。

航天设备长期以来一直在恶劣的空间辐射环境中运行，空间环境中大量的高能质子、电子、中子和重离子等粒子，都可能会使航天设备的电子系统发生单粒子效应，造成严重的可靠性问题，影响航天器寿命。单粒子效应的危害对航天工程的发展造成严重影响，1993 年 8 月，由于宇宙射线对芯片的辐射使其失效，造成美国发射的 5 颗卫星同时发生故障；法国的 SPOT-1 地球资源卫星在轨道工作的 35 年间计算机存储器发生了 11 次单粒子翻转；1988 年 9 月，我国发射的风云一号 A 星（FY-1A），由于强烈的太阳活动辐射影响发生单粒子翻转，导致卫星失控，仅 39 天后就发生故障并最终失效；2011 年 11 月，我国发射的火星探测卫星"萤火一号"由于上级运载系统受到空间粒子辐射的影响引发单粒子效应导致我国首次探测火星任务失败。

根据美国国家地球物理数据中心（National Geophysical Data Center，NGDC）对美国在 1971~1986 年间发射的 39 颗同步卫星故障情况的统计，15 年间 39 颗卫星共发生故障 1589 次，各种辐射效应诱导产生的故障次数有 1129 次，占比高达 71%，并且单粒子翻转引起的故障有 621 次，占总故障次数的 39.08%，见表 1-1，可见单粒子效应（SEE）造成的卫星故障占有很大的比重。

表 1-1　美国 39 颗同步卫星故障原因统计

故障原因	故障次数	故障百分率/%
电子诱发的电磁脉冲	293	18.44
静电放电	215	13.53
单粒子翻转	621	39.08
其他	460	28.95
合计	1589	100

20 世纪 60 年代，戈登·摩尔（Gordon Moore）提出"摩尔定律"，即集成电路上集成的晶体管的数量每 18~24 个月增加一倍，性能也增加一倍。2009 年和 2013 年发布的国际半导体技术发展蓝图（International Technology Roadmap for Semiconductors，ITRS）预测了随年份变化的 DRAM 工艺尺寸趋势。可看出在 2020~2025 年，DRAM 工艺尺寸会逐渐缩减至 10nm 以下。缩小的工艺尺寸会实现更大的信息存储、更高的工作频率和更强的计算能力。然而在集成电路性能提升的同时，单粒子效应的影响也会愈发严重。随着特征尺寸的持续缩减，单粒子效应的影响逐渐从空间延伸到地面应用，已成为地面电子系统的最主要失效机制。对于先进微处理器，单粒子效应导致的失效概率甚至比所有其他失效机制（包括栅氧击穿和电迁移）的总失效率还高。因此，SEE 成为空间、军用和商用电子系统常见的可靠性问题。

目前，银河宇宙射线、太阳宇宙射线以及地磁俘获带（范艾伦辐射带）是空间辐射环境的主要构成部分，化学元素周期表中几乎所有元素都可以作为辐射粒子，但其能量分布将近相差 15 个数量级。

银河宇宙射线是起源于太阳系以外空间的高能带电粒子流，其包含各种大量的元素且原子序数为 1~92，其中也包含了从几十 MeV 到几万 MeV 重元素的高能粒子，虽然其通量低，但屏蔽层可直接穿过，在半导体材料中产生电离效应，以单粒子效应为主。

太阳发生耀斑时，可以喷射出能量在 10~10000MeV 范围内的高能带电粒子，然而在很短时间内该能量将达到很高强度，由此太阳宇宙射线被形成。由于太阳宇宙射线成分中存在 α 粒子以及少量的电子，但大部分是质子，因此又被称为太阳质子。

地磁俘获带又被称为范艾伦辐射带，其根据空间分布的不同将其划分为内外辐射带如图1-1所示，其中由质子、重离子及电子所组成且靠近地球的是内辐射带，而远离地球且以电子和质子为主要成分的是外辐射带。相对于内辐射带，外辐射带中的质子产生的电离虽然不能引起电路的翻转，但其中有多数的质子其能量很高且可与Si发生作用产生核反冲效应，引起的电离量远大于质子本身直接产生的电离量，足够引起电路发生翻转。由图1-2可明显看出，航天器正遭受着空间辐射的损伤，导致内部电子系统性能退化甚至失效，最终影响航空器的正常运行工作。

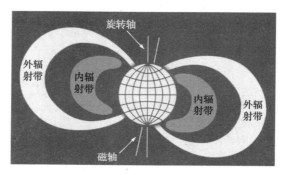

图1-1 范艾伦辐射带

图1-2 航天器受空间辐射的示意图

能够使周围环境产生一定核辐射的有核电站、核潜艇以及载有核能源的人造卫星，则半导体材料的原子将会受到核辐射环境中的高能γ射线、X射线、中子及电磁脉冲发生电离从而产生光电流，因此核辐射环境对半导体器件的正常工作产生了严重的干扰。大量的高能粒子以及强烈的电磁脉冲由于核爆炸时所产生。因此，不论是空间辐射还是核辐射，对于运行在空间的人造卫星、航天器和工作在核辐照环境的电子系统产生很大干扰甚至使其失效。

近年来，越来越多的器件应用于辐射环境中。尽管技术在不断变化，CMOS技术仍然是电子行业的主导力量。随着集成电路特征尺寸的不断减小，伴随着更高的工作频率、更低的电源电压和更低的噪声裕度，导致电离辐射与集成电路相互作用引起的软错误率急剧增加。单粒子瞬态(SET)是粒子撞击IC敏感区域时引起的，已成为软错误率的研究人员关注的一个重要问题。单轴应变Si技术由于其可调的带隙、高载流子迁移率以及与传统Si工艺的兼容性等优点，在纳米CMOS电路中得到了广泛的应用。随着应变集成技术的发展和应用范围的扩大，在辐照条件下的应用会越来越多，因此研究应变集成器件的辐照特性及加固技术显得尤为重要。

在电子系统中，特别是MOS器件及其集成电路在航天领域中广泛应用，为了满足芯片的高速/高性能集成，并且遵循摩尔定律，器件需要进一步缩小至纳米尺寸。以CMOS器件等比例缩小的Si集成电路技术也迈入纳米尺度，集成电路的性能也不断提升。然而，随着器件特征尺寸的减小，尤其是尺寸缩减至纳米级，由于目前材料技术的发展对集成电路技术的发展造成一定影响，此外，小尺寸MOS器件中引发的短沟道效应、强电场效应、量子效应及寄生效应等对器件的电特性退化乃至整个集成电路的发展造成严重制约，如对器件泄漏电流、亚阈特性、开关电流比等影响越来越显著，电路运行速度以及静态功耗问题更加严重，这些因素阻碍了集成电路技术的发展。

为了解决这些影响因素，对探索出新工艺、新材料、新结构器件提出新的挑战与要求。在纳米集成电路设计中出现了一些新的技术使摩尔定律得到了延续，这些新技术中栅材料采用高k介质、SOI结构、应变Si等。其中，应变Si在应力的作用下，其简并的导带和价带能级发生分裂，引起能带结构、载流子有效质量以及散射机制的变化，使得载流子迁移率显著提高以及能带可调，此外，应变Si技术由于工艺简单、成本低、与传统Si工艺更兼容等优势被广泛应用于集成电路中，是目前提高应变集成技术的重要途径之一。据有关数据显示，近年来对高速/高性能应变Si MOS器件及其集成电路的研究得到了国内外学者及科研院所的关注，并且成为国际上主要的研究重点及应用热点之一。

纳米集成电路设计中一些新技术的出现使摩尔定律得以延续，例如栅材料采用高k介质代替SiO_2、SOI结构代替传统结构、引入应变Si技术等。其中应变MOS器件与传统的Si基MOS器件相比，应变MOS器件具有工作频率高、电流驱动能力强、增益高且功耗低等优点。在工艺上，应变Si技术采用不同晶格常数的材料的晶格失配或者通过淀积薄膜施加本征应力引入应变，常见的应力引入方法有应变SiGe和施加SiN帽层。应变工艺技术与传统Si基的CMOS工艺兼容性好，而且成本优势明显，应变MOS器件与Ⅲ-Ⅴ的GaAs器件制造成本相比低至30%，相比于普通的Si基MOS成本也只高出10%。一般地，张应力提高电子迁移率，压应力提高空穴迁移率，NMOS 与 PMOS 可通过分别引入这两种应力提升器件性能。总而言之，应变 Si 技术不仅使得器件的载流子迁移率得到有效增强，增大了器件的驱动电流，而且与现有的主流 Si 工艺能够很好地兼容。因此应变 Si 技术是提升器件及电路的高效途径之一，成为国内外学者研究的热点。

由于应变 Si 器件使用范围的扩大，应用环境的复杂性增加，因此研究纳米应变 Si 器件的单粒子辐射效应非常有必要性。研究纳米工艺下应变 Si MOS 器件的单粒子效应机制与加固技术，对于包括空间和地面应用在内的集成电路，都具有至关重要的意义。

然而，当高速/高性能的应变 Si MOS 器件受到空间辐射或核辐射时，其高性能的特性将会大大减弱，如引起 MOS 器件的阈值电压漂移、跨导降低、迁移率下降、静态功耗增大及 1/f 噪声增大等，均是电子系统中应变 Si MOS 器件电学性能退化的主要因素。因此，运行在空间的人造卫星、航天器和工作在核辐照环境的电子系统的可靠性以及寿命大大缩减，严重制约了我国航空航天的快速发展，故迫切需要研发出高性能抗辐照的核心电子元器件。

未来研究出以纳米应变 Si MOS 器件集成电路为核心的抗辐照性能微电子器件将是推动我国航空航天事业快速发展的关键技术。研发出高性能的抗辐照电子元器件，首先需要对辐照效应下应变 Si 纳米 MOS 器件的电特性深入研究。目前，尚未发现有关纳米应变 Si MOS 器件辐照效应的深入报道，故本书建立了辐照效应下纳米应变 Si MOS 器件的理论模型，并利用实验数据验证了模型的正确性，提出一种抗单粒子效应显著增强的新型器件结构，为今后应变 Si 集成器件的单粒子效应可靠性及电路应用提供了有益的理论参考。

1.2　MOS 器件辐照效应的国内外研究现状

1.2.1　国外研究现状

20 世纪 50 年代，人们只是发现辐照对器件有损伤效应，但没有进行深入的研究，而国外真正对 MOS 器件的辐照效应研究开始于 20 世纪 60 年代。1964 年，Hughers 和 Giroux 首次关注了辐照对 MOS 器件的损伤机理以及辐照对器件性能退化的效应，采用实验的手段得到的氧化层中额外的陷阱电荷和界面电荷是由于电离和中子辐照产生的，且辐照时所加的偏压直接影响陷阱电荷的数量。之后的几十年里，人们在前人的基础上不断完善理论。

1975 年，G. F. Derbenwick 和 B. L. Gregory 深入研究了 CMOS 器件工艺与抗辐照能力的关系，得到电学特性退化与工艺参数之间的关系，最后利用优化后的工艺参数，制备出抗辐照能力比较好的 CMOS 器件。

直到 20 世纪 80 年代时，各研究机构及学者对 MOS 器件的辐照损伤效应才进行更深层次的研究，K. F. Galloway 等人于 1984 年为描述辐照对 MOS 器件电学特性的影响而建立了简化模型，其主要揭示了由于辐照引起的界面态与 MOS 器件跨导及迁移率之间的依赖关系。

1998 年，P. M. Lenahanl 和 J. F. Conley 等人基于固体点缺陷统计学原理及电子顺磁共振测试技术提出了 MOS 器件辐照损伤的物理预测模型，该模型不仅包括了大部分辐照损伤的物理过程，同时对辐照条件下 MOS 器件的阈值电压漂移规律具有一定的预测作用。

进入新世纪后，随着微电子技术的快速发展，人们对辐照效应的研究也更为深入。2007 年，Hugh J. Barnaby 等人通过 TCAD 仿真软件，研究了 SET 层对 NMOS 器件电学特性的影响。图 1-3 为 NMOS 器件仿真器件剖面图，研究结果显示由于 STI 层的存在，总剂量辐照后测试的氧化层陷阱电荷以及界面态电荷增多，引起器件的阈值电压负向漂移增大，故泄漏电流也将随之增大。

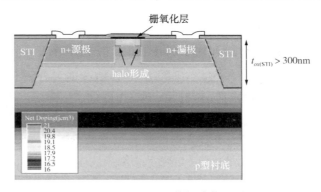

图 1-3　NMOS 器件部分截面图

James R. Schwank 等人于 2008 年进行了总剂量辐照效应对 MOS 器件详细地研究，首先进行了总剂量效应对 MOS 器件物理损伤机理详细地分析，接着给出了总剂量辐照产生的氧化层陷阱电荷及界面态电荷；其次研究了由于这两种电荷引起电特性的退化；此外还分析了改变氧化层工艺对器件的加固影响；最后研究了 SOI 器件的总剂量效应。同年，Zhaorui Song 等人研究了不同工艺过程制备出不同栅介质的器件，实验结果表明，生长出 HfON 和 HfO_2 栅介质层比 HfO_2 介质层，在 X 射线总剂量下引起的氧化层陷阱电荷、界面态电荷以及平带电压漂移的影响相对较小，并且通过 AFM 和 XRD 分析发现 HfON 薄膜表面比较光滑，以及在高温 800℃退火下仍然保持非晶结构。

Sandeepan DasGupta 等人于 2009 年探究了一种抗单粒子辐照效应的新器件结构，其在 P 型衬底的双阱中使用接触掩埋层改进衬底结构，以减少电荷收集，电荷共享和 SET 脉冲宽度。图 1-4(a) 和 1-4(b) 分别为改进后的横截面以及三维俯视图。2010 年，F. Belgin Ergin 和 Raşit Turan 等人研究了 HfO$_2$ 栅介质 MOS 器件的 γ 射线低剂量辐照损伤效应，与别的栅介质 MOS 器件进行对比，结果表明采用 HfO$_2$ 栅介质的 MOS 器件没有发生显著变化，从而证明了 HfO$_2$ 具有良好的抗辐照特性(图 1-4)。

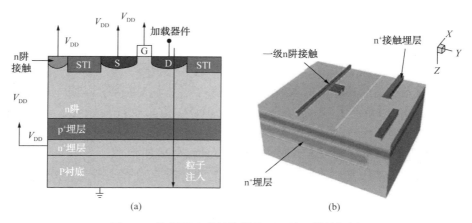

图 1-4　掩埋层改进结构横截面以及三维俯视图

Ming Chen 等人于 2012 年通过实验的方法在 MOS 器件栅氧化层 SiO$_2$ 中注入 Si 离子，结果表明在总剂量辐照(X 射线)下氧化层中产生净陷阱电荷以及平带电压漂移量减少，主要是由于在 SiO$_2$ 中注入 Si 离子后空位缺陷增多，同时增加了电子陷阱数量，从而增大了电子空穴对的复合以及减少了空穴向 SiO$_2$/Si 界面处的运动。2015 年，M. Gaillardin 等人研究了总剂量效应(X 射线)对微纳米器件的影响，讨论了辐照前后器件转移特性、关态泄漏电流等电学特性的变化，在此基础上，分析研究了器件电学特性在总剂量辐照与温度共同作用下的影响。

Jingqiu Wang 等人于 2016 年基于单粒子效应的损伤机制，提出超深亚微米尺寸单粒子辐照下 NMOS 器件瞬态电流模型，并且通过 TCAD 仿真软件进行了验证，同时基于该模型还研究了不同线性能量传输值下，单粒子瞬态效应的变化，该模型为超深亚微米级加固技术提供了理论指导。2017 年，Jie Luo 和 Jie Liu 等人通过实验的方法进行了重离子流对存储器件单粒子效应研究，研究得出不同的重离子流以及不同的线性能量值对器件产生的单粒子效应不同。

在组合电路当中，SET 脉冲只有满足一定的峰值和宽度条件，才能被下一级的时序单元传播，并且 SET 脉冲被俘获的概率与 SET 脉冲宽度息息相关。因此，SET 的脉冲峰值和宽度一直是 SET 效应研究的重点，而且粒子入射后的电荷收集是单粒子效应中 SET 脉冲形成的主要因素。

Dodd 和 Massengill 发表一篇评论单粒子效应历史发展的论文，在其中简要讨论了单粒子多位翻转，并声明这些影响可能在先进技术中变得更加普遍。该评论包含一个额外的电荷收集机制，由 Woodruff 和 Rudeck 假设的源向阱区注入，在 Olson 等人的模型和测试数据中得到证实。后来由 Black 等人解释。

DasGupta 等人研究了在 130nm 和 90nm 尺度下的电荷收集机理及 SET 脉冲的特性，研究了入射粒子 *LET* 值、阱电势变化、体电势变化等因素对 SET 脉冲峰值、脉冲宽度的影响。并且，发现 NMOS 器件和 PMOS 器件存在不同的电荷收集机理，因此对 SET 脉冲的影响也很大。

Amusan 等人基于 90nm 双阱工艺，发现 NMOS 器件与 PMOS 器件电荷共享机理不同，NMOS 器件主要是由于漏极电场的存在导致电荷漂移所致，而 PMOS 器件主要是由于阱区电势抬高导致的双极放大效应所致。Ahlbin 报道了一种新的机理，即 Pulse Quenching 效应，指的是物理上相邻的器件间发生电荷共享效应，SET 脉冲宽度随 *LET* 值增大反而减小。

在单粒子的加固上，国外的研究者提出了各种加固结构，比如 Sandeepan DasGupta 等人针对 PMOS 器件提出的 n+埋层加固结构；B Narasimham 等人提出的保护环布局结构；Sandeepan DasGupta 等人提出的保护漏极加固结构；Maharrey 在 16nm/14nm 尺寸 FinFET 技术的基础上，设计了一种用于 SET 缓解的组合逻辑（DIL）。国外多家公司对于抗辐射的加固也取得了成果，比如 TRW、Harris、BAE systems、Honeywell、TI 等，都对抗单粒子辐照加固的关键技术有所掌握，并且有自己的模拟软件工具，能够设计、制造航空航天等抗辐射微处理器。此外，拥有自己的抗辐射加固产品，比如 ATMEL 公司的 AT697EAT697E 等型号的扛单粒子辐照微处理器。

1.2.2 国内研究现状

国内对于 MOS 器件辐照特性的分析研究相对国外起步较晚，目前主要的科研机构有清华大学、西安电子科技大学、北京大学、中科院新疆理化技术研究所、西北核物理研究所、电子科技大学、中国科学院上海微系统与信息技术研究所等，通过理论与实验结合的方法深入探究了辐照效应对 MOS 器件影响，所取得主要的研究成果阐述如下：

2001~2002 年，北京大学利用模拟结合实验的方法研究了长沟道低剂量和高剂量辐照条件下 MOS 器件电学特性的退化模型，得出在低剂量辐照条件下 NMOS 器件相对于 PMOS 器件对辐照更为敏感，在高剂量条件下引起电子迁移率退化的主要机制是界面电荷的库仑散射，但该模型对短沟道 MOS 器件的辐照效应研究不适用。

2005 年，中科院新疆理化技术研究所通过实验的手段对 MOS 器件的总剂量辐照效应与热载流子注入之间的相互依赖关系进行了研究，实验结果表明，MOS

器件的加固工艺不仅抗总剂量辐照效应，且对热载流子在栅介质注入的负电荷具有抑制作用。

2007 年，清华大学利用实验的方法，研究了 γ 射线总剂量辐照对非加固 MOS 器件不同栅长宽比的损伤效应，结果表明，不同栅的长宽比，对于 NMOS 器件以及 PMOS 器件的阈值电压的漂移量影响不大，而 NMOS 器件由于总剂量引起的亚阈电流随着栅的长宽比减小而增大，该研究结果可为抗辐照电路设计选取工艺参数提供有益参考。

2009 年，西北核物理研究所通过实验的方法重点探究了总剂量辐照效应产生的机理，并且建立了辐照条件下实验数据的数理检验方法、统计处理方法以及敏感参数的概率模型，得到辐照效应下阈值损伤以及敏感参数与总剂量的依赖关系，并且评估了该工艺的 MOS 器件抗辐照能力。

2011 年，0.18μm 工艺尺寸的 MOS 器件总剂量辐照损伤效应被中科院上海微系统与信息技术研究所采用实验的方法所揭示，分析了辐照前后阈值电压、跨导以及关态漏电流等电特性的变化，且实验结果与三维模拟仿真结果比较吻合。由研究结果可知总剂量辐照对深亚微米 MOS 器件电特性影响不大，由于辐照在薄的栅氧化层中产生的陷阱电荷很少，而具有 STI(浅槽隔离)的 MOS 器件对总剂量辐照效应很敏感。

2013 年，电子科技大学通过模型仿真的方法对 MOS 器件结构的 γ 总剂量效应进行了研究，证实了使用 Sentaurus-TCAD 采用氧化层固定电荷进行等效构建 MOS 器件辐照模型的可行性和准确性，但其模型使用的参数取自参考文献，模型未建立起辐照剂量与氧化层电荷与界面态浓度的关系，尚有不足。

2014 年，西安电子科技大学重点研究了双轴应变 Si MOS 器件抗辐照特性，建立了双轴应变 Si MOS 器件辐照电学特性退化模型，揭示了双轴应变 Si MOS 器件电学特性随辐照总剂量的演化规律，提出了双轴应变 Si MOS 器件加固方法。对于双轴应力器件，由于生产过程中热膨胀系数、加工温度、不同的掺杂元素及生长条件等各种因素，导致器件沟道中产生不均匀的应力分布。更为重要的是，未涉及小尺寸应变 Si MOS 器件抗辐照特性及抗辐照效应加固方法的研究，故对未来运行在空间的人造卫星、航天器和工作在核辐照环境电子系统的发展具有阻碍作用。

电荷收集机制研究方面，国防科技大学的刘征基于 65nm 节点，对纳米级电荷收集机理以及电荷收集的影响因素进行研究，对双极放大效应随工艺缩减的趋势变化以及温度敏感性进行了深入分析。西安电子科技大学的李超对于 FinFET 器件的单粒子效应进行了详细的模拟分析，对于 FinFET 器件的电荷收集机制及 SRAM 电路中的单粒子效应都进行了分析讨论。

抗单粒子辐照加固方面，国内也进行了深入的研究，由国防科技大学陈建军等人提出的源极扩展加固结构、虚拟晶体管加固结构；由湘潭大学的徐新宇提出的漏墙加固结构；由国防科技大学黄鹏程等人提出的用于电荷共享的无缝保护带技术；由西安电子科技大学的郝敏如提出的 U 形沟槽加固结构等。这些加固结构都有良好的加固效果。

综合分析，国内外的研究都主要集中在非应变材料以及实验测试手段对 MOS 器件辐照特性的研究，并且缺少成熟的理论模型支撑。关于应变 Si MOS 器件辐照效应的报道相对较少，而且研究的重点是辐照效应对应变 Si MOS 器件界面特性的影响以及器件性能的退化，目前对于纳米级应变 Si MOS 器件辐照效应与电特性退化(包括阈值电压漂移、栅电流、跨导下降等)理论模型的建立尚未报道。相对于双轴应变，单轴应变以更适用于 CMOS 器件集成电路制造且成本较低的优势已被广泛应用，因此针对单轴应变 Si 纳米 MOS 器件的辐照特性以及抗辐照加固技术的探究具有重要的实际应用价值，该研究内容可为纳米级单轴应变 Si NMOS 器件应变集成器件可靠性及电路的应用研究提供有价值的理论指导与实践基础。

1.3　本书章节安排

为促进我国航空航天事业快速发展，尤其是减少运行在空间的人造卫星、航天器和工作在核辐照环境的电子系统辐照损伤以及加强其抗辐照能力，故深入研究以 MOS 器件及其集成电路为核心的微电子器件辐照特性及抗辐照加固技术极其重要。相比于双轴应变 Si 器件，单轴应变 Si 技术具有独特的优势，因此本书重点开展单轴应变 Si 纳米 NMOS 器件辐照特性及加固技术的研究。首先，设计并制备出性能满足实验要求的单轴应变 Si 纳米 NMOS 器件；其次，基于总剂量辐照对 MOS 器件的损伤机理及量子机制，建立总剂量辐照条件下单轴应变 Si 纳米 NMOS 器件的二维阈值电压模型，直接栅隧穿及热载流子栅电流模型，并且通过辐照实验的结果验证所建模型的正确性；最后，通过 TCAD 软件提出可行的抗辐照加固技术。本书具体章节内容安排如下：

第 1 章：阐述本课题研究的背景意义，分析国内外对 MOS 器件辐照效应的研究现状及研究进展，提出本书研究目标并给出本书各章节具体内容安排。

第 2 章：阐述应用应变 Si 技术的优势，分析应力的引入机制，探究 MOS 器件总剂量辐照及单粒子效应的损伤机制，深入研究辐照总剂量效应在 MOS 器件中引入氧化层陷阱电荷和界面态及对阈值电压与栅电流的影响。

第 3 章：研究应变对能带结构的改变及器件电学特性的增强机制，拟采用 SiN 薄膜工艺致应力的方法在器件沟道中引入应力，应用器件仿真软件对应力随工艺的演化规律进行研究，提出单轴应变 Si MOS 器件优化结构，并获得了优化的工艺方案。基于该方案，制备性能满足实验要求的器件样品。

第 4 章：本章详细分析了 γ 射线总剂量辐照损伤效应对 MOS 器件的影响机理。首先讨论了辐照对半导体器件损伤的两种主要的效应：移位损伤效应和电离损伤效应，之后详细分析了 γ 射线总剂量辐照对 MOS 器件的影响。

第 5 章：针对单轴应变 Si 纳米 MOS 器件，考虑总剂量辐照对平带电压影响以及器件尺寸减小所致的物理效应，求解二维泊松方程，获得 MOS 器件沟道内的二维电势分布，建立单轴应变 Si 纳米 MOS 器件阈值电压、跨导等与总剂量辐照以及器件几何、物理参数之间的关系。搭建总剂量辐照实验平台，验证并提出单轴应变 Si 纳米 MOS 器件总剂量辐照阈值电压、跨导等模型。

第 6 章：基于总剂量辐照下单轴应变 Si 纳米 NMOS 器件载流子的微观输运机制以及量子机制，建立小尺寸单轴应变 Si NMOS 器件在 γ 射线总剂量辐照下栅隧穿及热载流子栅电流模型，应用 Matlab 对该模型进行数值模拟仿真，探讨了器件几何结构参数、总剂量、材料物理参数等对栅隧穿电流的影响。该模型数值仿真结果与单轴应变 Si 纳米 NMOS 器件的总剂量辐照实验结果进行比较，对模型的有效性与正确性进行验证。

第 7 章：研究单轴应变结构的引入对纳米 Si NMOS 器件单粒子瞬态的影响机制，应用蒙特卡罗方法分析氮化硅膜对重离子入射电离损伤的影响，得到氮化硅膜对重离子的能量阻挡模型，提取电离损伤参数并利用 TCAD 模拟研究氮化硅膜对 NMOS 器件电荷收集情况的影响。

第 8 章：揭示纳米应变 Si MOS 器件单粒子瞬态效应损伤机制，并通过软件仿真验证单轴应变 Si 纳米 MOS 器件单粒子辐照漏斗模型（包括器件漏极偏置、沟道长度、单粒子辐照注入位置、温度等参量与器件损伤之间的关系）。基于该损伤机制与物理模型，进一步提出抗辐照加固的单轴应变 Si 纳米 MOS 器件新型器件结构，并仿真验证该新型加固器件抗单粒子辐照能力，此外，针对 NMOS 器件的两种经典加固结构，即源极扩展结构和漏极扩展加固结构，对其加固特性进行仿真分析，并将两种结构的加固效果进行对比讨论。

第 9 章：总结本书的研究工作以及研究成果，分析本书研究工作的不足以及后续工作的开展。

2

应变Si技术及MOS器件
辐照效应产生机理

为推动我国航空航天事业快速发展，研究运行在空间的人造卫星、航天器和工作在核辐照环境的电子系统中 MOS 器件可靠性尤为重要，由于应变 Si 具有禁带宽度小、载流子有效质量小、迁移率高的特点而被广泛应用，本章将分析应变 Si 的晶格结构以及能带变化，研究其性能增强机理，并对几种不同的应力引入方式进行比较。对应变 Si MOS 器件辐照效应及抗辐照加固技术的研究具有重大意义，故本章需要对应变 Si 技术产生机理以及 MOS 器件辐照效应损伤机制进行深入分析研究，为后续章节研究纳米应变 Si MOS 器件辐照效应及抗辐照加固技术奠定重要的理论基础。

2.1　应变 Si 技术

2.1.1　应变 Si MOSFET 性能增强机理

由于电子迁移率比空穴迁移率高很多，因此对空穴特性的提升是人们关注的重点。双轴应力对价带空穴有效质量的改变和单轴应力的原因是一致的。这是因为应变 Si 中的双轴应力可以分解为静水压力分量和单轴压应力分量。静水压力使能级整体发生移动，因此对空穴的有效质量没有影响。而单轴压应力可以使简并轻重空穴带分裂，并改变价带的结构，因此可以使空穴的有效质量发生改变。由于 Ge 的晶格比 Si 的大 4.17%，SiGe 层上生长的 Si 会沿着 SiGe 的晶格生长，因此 Si 层受到的应力会随着 Ge 浓度的不同而不同，同时空穴的有效质量也会随着 Ge 浓度的不同而变化。

Si 材料通过与其他材料的接触融合会产生应变。当 Si 与大于其晶格常数的材料接触时，硅的晶格将被拉大；若 Si 与小于其晶格常数的材料接触时，硅的晶格将被压缩。以锗为例，由于 Si 和 Ge 之间存在着 4.2% 的晶格失配，因此当在 Ge 表面生长硅时，硅的晶格间距将被拉大。如图 2-1 所示，$Si_{1-x}Ge_x$ 的晶格常数介于 Si 的晶格常数与 Ge 的晶格常数之间。

由于硅锗之间的晶格不匹配，Si 的晶格将受到 X 轴和 Y 轴四个方向的拉伸，同时晶胞体积保持不变，故在 Z 轴方向晶格将被压缩。因此，在硅内部形成了具有双轴张应力的单晶 Si 薄层。由于该 Si 薄层受到来自 SiGe 层的张应力，使得 Si 导带底附近六度简并能谷 Δ_6 分裂成一个二度简并能谷 Δ_2 和一个四度简并能谷 Δ_4。其中，Δ_4 能谷上升，而 Δ_2 能谷下降，如图 2-2 所示。因此能带发生分裂，如图 2-3 所示。

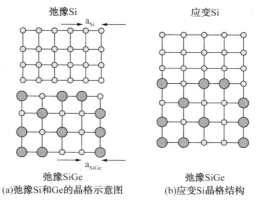

(a)弛豫Si和Ge的晶格示意图   (b)应变Si晶格结构

图 2-1 双轴应变硅原理示意图

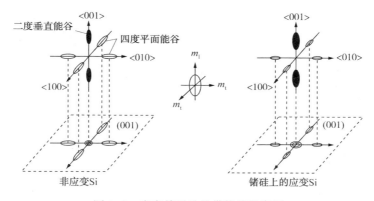

图 2-2 应变前后硅导带能谷示意图

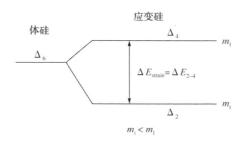

图 2-3 应变硅导带分裂示意图

由于受到张应力的作用,使得 Si 的价带结构也发生变化。常温状态下的弛豫硅价带顶位于 $k=0$,即在布里渊区的中心,附近有三个能带,分别为轻空穴带、重空穴带和自旋-轨道能带。如果考虑自旋-轨道耦合,则分为两支,一组为四度简并的状态,另一组为二度简并的状态。当张应力引入之后,价带分裂为三个不同的子能带,原有的轻、重空穴带的 $E-k$ 关系也将发生变化。重空穴带的曲率半径减小，基本和轻空穴带相一致，并且其能量会降低。子能带间的能量间隔由应力的大小决定，在不同的应力作用下，价带产生的形变也有所不同。应力的引入及晶格失配导致轻空穴带和重空穴带的分离。由于导带底能级的下降和价带顶能级的上升，应变 Si 材料的禁带宽度将被减小。如图 2-4 所示。

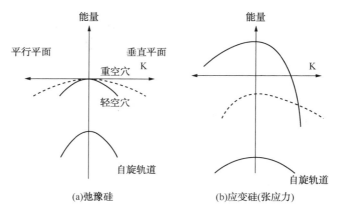

(a)弛豫硅   (b)应变硅(张应力)

图 2-4 应变前后硅价带的示意图

压应力引起的能带变化与张应力刚好相反。导带中，Δ_4 能谷下降，而 Δ_2 能谷上升；价带中，重空穴带上升，轻空穴带下降。在压应力下，由于轻空穴和重空穴能带分裂，它们之间的散射类似于电子在等价能谷之间的散射，LH 和 HH 的分离可以有效地抑制带间的非极性光学声子散射，从而提高空穴的迁移率。同时，应变之后由于能带的升高与降低，禁带宽度减小，各子能带中的空穴有效质量普遍降低，并呈现各向异性。引入压应变时，重空穴带能量变低，空穴优先占据重空穴带，引起空穴的电导率有效质量降低，空穴的迁移率增大。

对于不同沟道类型的器件，施加的应力种类不同。通常情况下张应力能引起导带的分裂从而改变电子性能，因此要提高 nMOSFET 的性能，可以引入张应力。压应力能够使得价带发生分裂，从而影响空穴的特性，因此在 pMOSFET 中引入压应力可以提高器件性能。

2.1.2 应变引入机制

当器件特征尺度进入纳米级，器件的二级物理效应如短沟道效应、量子效应等引起的器件电学特性退化加重，因此，对新材料、新工艺及新器件的开发探索提出新的挑战，而应变 Si 技术由于载流子迁移率高、带隙可调且与现有 Si 工艺相兼容等优势已被广泛采用。应变 Si 技术在高速/高性能 CMOS 器件、光电子器件及集成电路中广阔的应用前景而成为当前国内外研究发展的重点。双轴应力和单轴应力是通过应力引入的方向不同而划分，其中双轴应力则是两个方向引入应力，而单轴应力一般只沿沟道方向引入应力。两种应力引入机制具体介绍如下。

全局致应变技术可以获得双轴应力，通常先在硅衬底上生长一层 Ge 组分渐变的弛豫 SiGe 层，这层弛豫 SiGe 层被用作虚拟衬底层，以减少 SiGe 中的缺陷密度，然后再在 SiGe 虚拟衬底层上生长固定 Ge 组分的 SiGe，最后生长一定厚度的 Si 材料，在 Si 中就会产生双轴张应力。

（1）双轴应力引入机制

双轴应力引入的工艺技术又叫作全局致应变技术，引入应力的基本原理是晶格失配，图 2-5 为 Si 材料与 Si 接触的材料两者沿晶格生长由于晶格系数不同产生应力的示意图。

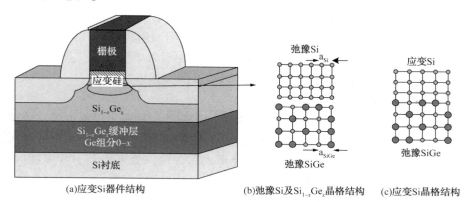

(a)应变Si器件结构　　(b)弛豫Si及Si$_{1-x}$Ge$_x$晶格结构　　(c)应变Si晶格结构

图 2-5　产生应力示意图

由图 2-1 可知，双轴应力是通过 SiGe 和 Si 的晶格失配而引入。Si 和 Ge 是Ⅳ族元素，两者的晶格常数分别为 0.565791nm 和 0.543102nm，且其可以以任何比例互溶而形成合金，而 Si$_{1-x}$Ge$_x$ 合金的晶格常数依赖于 Ge 组分的比例，且遵从 Vegard 定律，其表达式为：

$$a_{Si_{1-x}Ge_x}(x) = a_{si} + (a_{Ge} - a_{Si})x \approx a_{si} + 0.0227x \qquad (2-1)$$

若直接将 Si 生长在弛豫 Si$_{1-x}$Ge$_x$ 的表面，由于较大的晶格失配导致大量的缺陷在 Si 中被引入，故降低了材料的性能。因此，正确的工艺方法为：首先生长渐变 Ge 组分的弛豫 Si$_{1-x}$Ge$_x$ 层，其次生长固定 Ge 组分的 SiGe 层，这样大大减少了在弛豫 Si$_{1-x}$Ge$_x$ 表面上生长 Si 层中的缺陷。由于不同材料的晶格系数不同，由晶格失配引入的应力类型也不同，例如，Si 的晶格常数比 SiGe 小，这将会在 Si 中引入张应力。NMOS 器件中导带的分裂是由于引入的张应力，从而增强了电子迁移率及提升了器件性能。相反地，在 PMOS 器件中一般采用晶格系数比 Si 小的材料引入压应力提升器件性能。然而，引入的应变层需要控制在一定的厚度范围内，即临界厚度。如果超出临界厚度，应力被释放，材料晶格恢复原样，此时就会出现大量的缺陷从而影响了迁移率的大小。而关于临界厚度的模型，经常采用的是 Blakeslee 和 Matthews M. B. 提出的 M. B. 模型，被表示为：

$$h_c \approx \frac{b}{2\pi f} \frac{(1 - v\cos^2\theta)}{(1 + v)\cos\lambda} \left[\ln\left(\frac{hc}{b} + 1\right) \right] \tag{2-2}$$

（2）单轴应力引入机制

局部应变是在器件的部分区域引入应力，对于 MOS 器件而言，一般是在沟道方向上引入应力。局部应变主要是靠工艺技术引入应力，通常的方法有源漏植入致应变技术、浅槽隔离技术（STI）、双应力衬垫技术（DSL）以及硅化物技术引入应变，使得沿沟道方向产生应力，提高器件沟道处的载流子迁移率，改善器件的工作性能。

单轴应变 Si 器件相比双轴应变 Si 器件，其具有制造工艺简单、成本低且与现有 Si 工艺相兼容的优势，如浅槽隔离、接触孔刻蚀阻挡层、SiGe 源/漏技术、金属 Si 化反应及 SiN 帽层等部分工艺制造在沟道中引入单轴应力，获得应变器件以提高其电性能。下面具体介绍工艺致单轴应变的工艺方法。

① 源漏植入致应变技术

源漏植入技术是 Intel 在 90nm 工艺节点中采用的一种应力引入方法。该技术通过将源漏区选择性刻蚀掉，然后再选择性外延其他的材料。由于源漏区和沟道区的材料不同，材料的晶格也不同，因此退火后会在沟道方向上引入单轴应力。源漏植入致应变技术的器件结构如图 2-6 所示。

对于 PMOS 器件和 NMOS 器件而言由于需要的应力不同，因此源漏区的材料也不同。对于 PMOS 器件而言，源漏区嵌入的是 $Si_{1-x}Ge_x$。由于 $Si_{1-x}Ge_x$ 的晶格比 Si 的晶格大，$Si_{1-x}Ge_x$ 材料沿着 Si 的晶格生长，因此经过退火后，$Si_{1-x}Ge_x$ 发生弛豫，其晶格恢复到原来的数值，从而释放自身的压应力，这会造成源漏区的体积膨胀，因此挤压沟道区，从而使沟道方向上受到压应力。

同理，在 NMOS 器件的源漏区刻蚀后再生长的是 $Si_{1-x}C_x$，而 $Si_{1-x}C_x$ 的晶格小于 Si 晶格。$Si_{1-x}C_x$ 沿着 Si 晶格生长，因此会产生张应力，$Si_{1-x}C_x$ 退火后，$Si_{1-x}C_x$ 弛豫，晶格恢复为其原来较小的晶格，因此源漏区体积收缩，从而使沟道受到拉伸，沟道方向上受到张应力。

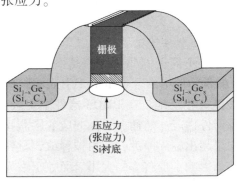

图 2-6　源漏植入致应变技术引入单轴应力

② 浅槽隔离技术

一般 Si 基器件的横向隔离采用浅槽隔离(STI)技术，在 Si 衬底上刻蚀浅沟槽是其主要的工艺步骤，且用绝缘介质填满，从而形成隔离。

沟道中应力的大小依赖于晶体管的区域和 STI 边缘的间距。结果表明，栅宽不同的 MOS 器件由于 STI 到栅极边缘距离的变化其影响不同。当 STI 到栅极边缘间距变小时，NMOS 器件驱动电流变小，而 PMOS 器件变大；PMOS 器件对晶体管区域与 STI 边缘的间距变化因栅极宽度的变小显得更为敏感。由于 SiO_2 与 Si 具有不同的热膨胀系数，以及黏弹性效应，从而形成了压应变，如图 2-7 所示。

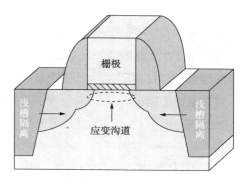

图 2-7　浅槽隔离技术

③ 金属 Si 化反应

金属 Si 化反应是由于 Si 化物与金属具有不同的热膨胀系数，从而造成晶格失配在内部产生应力，如图 2-8 所示。由于金属比 N 型多晶 Si 的功函数大，则调整阈值电压漂移可选取金属代替多晶 Si 制作栅极，且不必沟道掺杂。另外，MOS 器件性能得到提升是由于金属 Si 化反应对薄层的电阻具有降低作用。

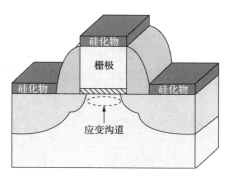

图 2-8　金属 Si 化反应

④ 嵌入式 SiGe 源/漏

首先在 Si 衬底上刻蚀凹槽，其次选择性的生长 SiGe 外延层被称为嵌入式 SiGe 源/漏(S/D)，而由于 SiGe 比 Si 的晶格常数大，则 Si 沟道中会产生压应变，如图 2-9 所示。空穴迁移率因压应力而被提高，使得 PMOS 器件性能增强，薄膜中的 Ge 含量及 S/D 区域距沟道的距离是影响漏极驱动电流的两个主要方面。在大电场作用下，嵌入式 SiGe 源/漏的优势为：空穴迁移率增大以及对器件沟道电阻和扩展电阻的降低。

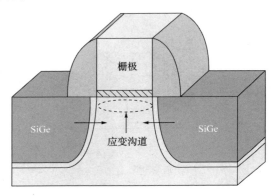

图 2-9　嵌入式 SiGe 源/漏

⑤ SiN 应力薄膜

图 2-10 为具有 $SiN(Si_3N_4)$ 应力薄膜的 MOS 器件结构。通过在器件的栅极部分覆盖一层高应力 SiN 薄膜，可以对沟道区产生不同方的单轴应力。使用 PECVD 淀积工艺，以 NH_3、SiH_4 为反应气体，在 250~500℃ 条件下进行 SiN 薄膜的淀积。为了得到较高的张应力或压应力 SiN 薄膜，可以通过对反应温度、PECVD 功率、气体流量比、淀积压力等相关参数的调整。

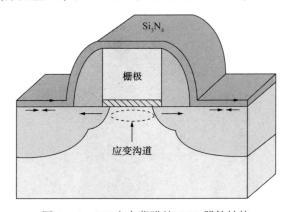

图 2-10　SiN 应力薄膜的 MOS 器件结构

2.2　MOS 器件电离效应

应变 Si MOS 器件集成电路现已被应用于多种不同的领域，应用环境也日趋复杂，在某些特定环境，如核反应堆环境和太空环境下应变 Si MOS 器件集成电路不可避免地受到各种射线及粒子的辐照，引起器件的各项电学特性均可能受到影响，甚至导致器件失效及电路逻辑功能发生错误。

2.2.1　MOS 器件电离效应

电离效应又称总剂量效应（TID），该效应会在 MOS 器件栅介质中产生氧化层陷阱正电荷以及界面态电荷。高能粒子入射半导体器件中，当入射粒子的能量比半导体的禁带宽度大，入射粒子将其多余的能量传递给价带中的电子使其被激发到导带，而剩下空穴在价带中，若生成的电子和空穴所需的最小能量小于产生的空穴及电子的能量，电子和空穴则可以通过次级电离或与晶格交换能量产生额外的电子-空穴对。以这种方式，单一的高能粒子（光子、电子、或质子）轰击半导体器件后可以生成更多的电子-空穴对。这些由辐照引入的非平衡载流子将会积累并使器件性能退化。激发产生电子-空穴对后，小部分电子和空穴随之复合，电子和空穴复合机制可用双复合模型和柱面复合模型来表征。由于栅极电压的存在，大多数的电子会立即被栅极（ps 内）收集，而空穴将向 Si/Oxide 界面处移动。电荷产量是由于栅电场作用而逃脱复合的那部分电子-空穴对。

氧化层中产生空穴的总量 N_h（不考虑剂量增强效应，该效应会避免初始复合）：

$$N_h = D \cdot g_0 \cdot f_y \cdot t_{ox} \tag{2-3}$$

式中　D——辐照剂量；

　　　t_{ox}——氧化层厚度，cm；

　　　g_0——一个由材料决定的参数，表示每 rad 辐照下不同材料初始电子对密度；

　　　f_y——逃离复合率，即空穴产生率，其与辐照引起的电子-空穴对的初始线密度大小有关，是氧化层电场的函数。

图 2-11 给出 MOS 器件在 α 粒子、γ 射线（Co^{60}）和 X 射线照射下初始复合空穴比例和氧化层中电场强度的关系。

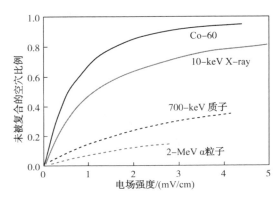

图 2-11　逃脱初始复合的空穴比例与氧化层中电场强度的关系

2.2.2　MOS 器件总剂量损伤机制

　　正偏压下 MOS 器件受辐照而产生电子和空穴的输运机制如图 2-12 所示。逃脱"初始"复合的空穴在电场的作用下向 Si/Oxide 界面的方向输运。氧化层中的深能级陷阱捕获了一部分空穴，形成氧化层陷阱正电荷。辐照引入的空穴与氧化层中浅能级陷阱发生作用形成质子，在正偏压下质子被输运至界面处，其与界面处的 Si-H 键相互作用形成 H_2 同时留下一个三键的 Si 缺陷，从而在界面处形成界面态电荷。由于界面态的存在会引入额外的电子能级，对于 NMOS 器件而言，界面态电荷呈现负电性。阈值电压漂移是由氧化层陷阱正电荷及界面态电荷共同作用而引起的。电离效应又称总剂量效应，该效应会在 MOS 的介质内产生陷阱电荷以及在 Si/SiO$_2$ 界面产生界面态。高能粒子辐照半导体时，只要入射粒子的能量比导体的禁带宽度大，价带中的电子从入射粒子获得能量被激发到导带，这样会在价带留下空穴，就产生了电子-空穴对。而且只要已产生的电子和空穴的能量高于电子-空穴对生成所需要的最小能量，他们可以通过次级电离或与晶格交换能量产生额外的电子-空穴对。以这种方式，单一的高能入射光子、电子、或质子可以生成成千上万的电子-空穴对。这些由辐照引入的非平衡载流子将会积累并使器件性能退化。在创建电子-空穴对后，大多数的电子会立即迅速地向栅(ps 内)漂移，而空穴将向 Si/SiO$_2$ 界面漂移。然而，即使电子离开氧化层之前，部分电子和空穴发生复合。电子和空穴复合的机制可以用双复合模型和柱面复合模型来表征。逃脱复合过程的那部分电子-空穴对就被称为电子-空穴产量或电荷产量。

　　辐照引入的空穴沿着氧化层传输，被束缚的氢原子(辐照引入界面陷阱的前提是 Si 原子与其他三个 Si 原子及一个氢原子形成钝化结构。当 Si—H 键断裂，会留下一个未钝化的悬挂键)以质子的形式得到释放，从而氢离子(质子)可以自由移动。随后质子在正偏压下以随机跃迁的形式输运，当质子到达 Si/SiO$_2$ 界面处时，会和已经存在于界面处的 Si—H 键相互作用形成 H_2 并留下一个三键的 Si

缺陷，在界面处形成界面态。此外，有的模型认为是空穴代替质子打断 Si—H 键。界面态会引入额外的能级，界面态对于 PMOS 和 NMOS 分别主要是带正电荷和负电荷。氧化层电荷和界面态的积累共同作用引起阈值电压的漂移。下文将详细分析辐照引入的氧化层电荷和界面态对 MOS 器件的影响。

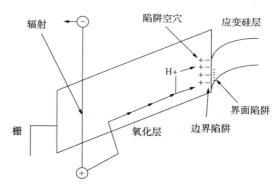

图 2-12　正偏压下的 NMOS 器件受辐照产生电子和空穴的输运示意图

（1）辐照引入氧化层电荷

氧化层中产生的电子和空穴在穿过晶格的输运过程中，其空穴比电子慢得多。在电场的作用下，空穴在 SiO$_2$ 内的移动会引起 SiO$_2$ 晶格的局部电位场的改变。这种局部畸变增加了局部的势阱深度，倾向于将空穴限制在其附近。因此，空穴实际上倾向于将自身陷落在局部。电荷载体（空穴）和它的应变场被称为极化子，这种应变场始终伴随空穴的输运过程，空穴输运穿过 SiO$_2$ 是通过极化运输，而这种输运方式增加了空穴的有效质量并降低了空穴的迁移率。在施加正栅压的作用下，空穴受到栅氧电场的作用被输运至 Si/SiO$_2$ 界面。由于氧化层中氧原子的外扩散和表面的晶格失配，靠近表面处存在大量的氧空位，其被称为陷阱中心。因此，界面的陷阱中心会俘获部分靠近界面的空穴。由于所俘获的空穴带正电荷会使 MOS 器件阈值电压产生负方向的漂移。

（2）辐照引入界面态电荷

除了氧化层电荷，总剂量辐射也可导致 MOS 器件 Si/SiO$_2$ 界面处形成界面态电荷。界面态存在于界面处 Si 的能带带隙，其正负性可以通过外加偏压来改变。

界面态可以是带正电、中性或负电。施主态主要存在于带隙的下半部分陷阱中，即如果界面处的费米能级在陷阱能级以下，陷阱将向 Si"捐赠"一个电子。在这种情况下，陷阱是带正电的。对于 PMOS 器件，主要受带隙下部区域的界面陷阱影响，界面态呈正电性，故引起 PMOS 器件阈值电压的负向漂移。相反，在带隙的上部区域主要是受主态，即如果界面处的费米能级在陷阱能级以上，陷阱将会"接受"一个来自 Si 的电子。在这种情况下，陷阱带负电荷。界面陷阱主要在带隙上部区域将会影响处于开启状态的 n 沟道晶体管。因此，对于 NMOS 器件，阈值电压的正向漂移主要是由于界面陷阱带负电。费米能级位于带隙中心，界面态几乎呈中性。由于氧化物陷阱电荷在 PMOS 器件和 NMOS 器件中均带正电，故对于 NMOS 器件，氧化物陷阱电荷和界面态电荷相互抵消；对于 PMOS 器件，则相互累加。相比于氧化物陷阱电荷的积累界面态的形成则慢得多。界面态在一个电离辐射脉冲之后需要数千秒的时间才能达到饱和。

（3）辐照对阈值电压的影响

总剂量辐照引入的氧化层陷阱正电荷及界面态电荷的共同作用对 MOS 器件的阈值电压漂移的影响，即

$$\Delta V_{th} = \Delta V_{ot} + \Delta V_{it} \qquad (2-4)$$

由于产生的界面态电负性不同，对于 N/PMOS 器件的阈值电压漂移影响不同。氧化层陷阱电荷对于 PMOS 器件和 NMOS 器件均带正电，则氧化层电荷和界面态电荷在 NMOS 器件中彼此补偿，而在 PMOS 器件中相叠加。

（4）辐照引起的栅泄漏电流

辐射引起的栅漏电流（RILC）是一种与超薄栅氧化层密切相关的现象。RILC 指薄栅氧化层 MOS 器件在低电场中及总剂量辐射栅漏电流的增加。它被认为是潜在的器件可靠性问题。

图 2-13 给出了斯卡帕等人于 1997 年首次观察到 RILC 现象。此图是 P 型衬底电容在 0.3V 漏压偏置下以 Co^{60} γ 射线辐照 5.3mrad（Si）的栅漏电流 I_G 与栅极电压 V_G 的关系，氧化层厚度是 4.4nm。$I-V$ 曲线是从零到正值扫描栅偏压而得到。在低栅偏压，辐照条件下电容的 I_G 比未经辐照电容的大。这表明，辐照后电容的 I_G 较大是由于辐射诱发的。在很强的电场下，辐照前后的 RILC 特性比较相近，这表明此条件下辐射诱导氧化层电荷量可以忽略不计。RILC 随着氧化层厚度降低和总剂量的增加而增加。RILC 与总剂量的关系呈近似线性，这是由于氧化层中的缺陷密度随辐照剂量增加呈近似线性。

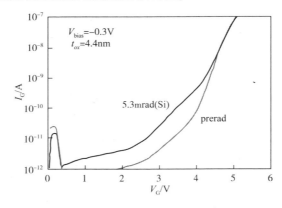

图 2-13　P 型衬底电容以 Co^{60} γ 射线辐照 5.3mrad（Si）$I-V$ 特性

2.3 MOS 器件单粒子效应

在辐照环境中，高能粒子对半导体器件产生的效应被称为单粒子效应。单粒子效应主要有单粒子翻转、单粒子锁闭、单粒子烧毁、单粒子栅穿、单粒子多位翻转、单粒子扰动、单粒子脉冲、单粒子功能中断、单粒子位移损伤以及单粒子位硬错误。

单粒子效应(SEE)可分为破坏性和非破坏性。破坏性的单粒子效应，器件功能和结构可能永久损坏。包括有：

单粒子闩锁(Single Event Latch-up, SEL)，是影响 CMOS 器件可靠性的主要辐射问题之一。在 P 阱 CMOS 电路中，天然存在 PNPN 四层可控硅结构，如图 2-14 所示。在一定触发条件下，该结构被触发导通，在电源-地间形成大电流通路，导致器件和电路无法正常工作甚至烧毁。重新掉电、上电可以关断 PNPN管，清除单粒子闩锁的影响，但如果没有及时断电，导致大电流对器件过度加热以及镀金或键合线发生故障，都会对器件或电路造成不可逆的永久性伤害。

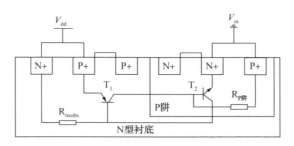

图 2-14 体硅 P 阱 CMOS 剖面图

单粒子栅穿(Single Event Gate Rupture, SEGR)，主要发生在功率 MOS 器件中。SEGR 只由重离子辐射源引发，当重离子入射器件，在栅氧化层下方的 Si 中产生大量的电子空穴对，由于工作电压很高，在栅氧化层与 Si 的界面处积累空穴，在栅介质层间产生高电场，栅氧介质层有可能会发生击穿现象，即为 SEGR 器件严重损坏。

单粒子烧毁(Single Event Burnout, SEB)，主要发生在功率器件中。器件中存在寄生双极晶体管(BJT)结构，高能粒子入射，沿入射轨迹电离出大量电子空穴对，寄生晶体管中的反偏 P-N 结即集电极强大的反偏电场下，电子空穴对迅速分离，在电场中漂移加速，BJT 正向导通导致器件内部产生大电流，且极易产生载流子的雪崩倍增，导致二次击穿，造成源-漏短路，最终导致器件的烧毁。

非破坏性效应被称为软错误，它可能导致错误的数据、信号干扰等。一些常见的软错误形式是：

单粒子翻转(Single Event Upsets，SEU)，主要发生在逻辑器件中，是单粒子辐射效应中最常见的一种。SEU最易发生在只读存储器、随机存储器、微处理器、可编程逻辑器件和数字信号处理器这几种器件的寄存器组以及内部存储单元中。

当高能粒子入射半导体器件的灵敏区，入射径迹由于能量淀积产生大量的电子空穴对，灵敏电极收集电荷，当电荷的收集量大于临界电荷，电路发生错误的翻转和逻辑功能的混乱。器件存储的数据由"0"变"1"，或由"1"变"0"，如图2-15所示。SEU产生的逻辑错误可调节使其恢复，即通过系统复位、重新上电或者重新写入等方法。电路中常用的加固方法包括版图加固和逻辑纠错。

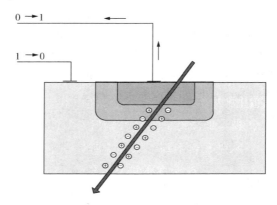

图2-15　单粒子翻转示意图

单粒子瞬态(Single Event Transients，SET)，指一定幅度和持续时间的脉冲响应。SET是单个高能粒子作用于半导体器件，粒子在半导体灵敏区域径迹产生电荷被敏感节点收集，导致器件电压和电流的瞬时变化。在2011年的工艺尺度下，SET引起的软错误率超过SEU成为软错误发生的主要原因。随着工艺尺寸的持续缩减，SET脉宽与时钟周期越来越接近，SET的加固将越来越困难。

多位翻转(Multiple Bits Upset，MBU)，是指单个粒子入射到器件中时穿过好几个敏感区域，或者在相邻的敏感单元间发生电荷共享，导致物理上相邻的多个单元均发生了单粒子翻转的现象。

单粒子中断(Single Event Functional Interrupts，SEFI)，指单个高能粒子入射半导体器件产生多余的载流子，使得电路控制元件产生非正常错误，控制功能暂时失效。单粒子中断的持续时间是有限的，但比一个时钟周期长得多，并且会随着电压的维持而逐渐消失。一般来说，被单粒子功能中断的半导体器件不会产生大电流。

单粒子效应由单个带电粒子引起，是指器件被某个高能粒子轰击，其高能粒子与器件内部的粒子发生碰撞作用而失去能量，根据能量守恒定律，高能粒子损失的能量使导带中电子发生跃迁，产生非平衡载流子，从而电子-空穴对会在高能粒子的运动轨迹上产生，这些电子-空穴对在漏斗电场的作用下被 MOS 器件的漏极收集，从而产生单粒子瞬态电流。下面分析由于单粒子效应在器件内部产生的电荷淀积及电荷收集机理。

2.3.1　单粒子效应电荷淀积机理

重离子撞击半导体器件后，通过电离在器件内部淀积电荷，这种电离方式可分为直接和间接电离。直接电离指的是重离子与器件内的 Si 原子发生非弹性碰撞，碰撞过程中损失的能量导致 Si 原子核外电子激发或者电离，电离出的次级电子会继续与 Si 原子发生非弹性碰撞产生电子，直到碰撞不能使导带电子发生跃迁为止，同时直接电离也是单粒子效应产生电荷的主要方式。重离子与材料原子的非弹性碰撞原理如图 2-16 所示。

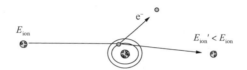

图 2-16　重离子与材料原子发生非弹性碰撞

间接电离指的是单粒子与器件内的 Si 原子发生强相互作用，这种单粒子一般是质量较轻，原子序数较小，但能量非常高的粒子，这种强相互作用的过程可能有：①因弹性碰撞的作用产生了反冲 Si 原子；②产生次级原子及 α 粒子，其次级原子序数比入射粒子高；③材料原子与入射粒子发生裂变反应，产生两种新的粒子，其比入射粒子的原子序数高。这些产生的次级原子继续与材料原子可发生直接电离淀积电荷。

2.3.2　单粒子效应电荷收集机理

单粒子效应，是源于高能粒子轰击半导体器件后，粒子与半导体材料互相作用的结果。对于高能粒子，空间环境中关注的主要是质子、重离子、α 粒子和电子，通常这些粒子来源于宇宙离子、太阳耀斑、二次相互作用的产物或天然辐射衰变的结果。此外，单粒子效应也发生在地球大气层的商业飞行高度甚至地面上。对于地面粒子，中子是辐射效应产生的主要粒子，但来自器件封装的粒子（α 粒子）以及重离子、质子、电子、μ 子和 π 介子也是单粒子效应的来源。

发生单粒子效应时，发生三种情况：电荷产生、电荷的收集和复合、电路响应。高能粒子轰击半导体材料时，粒子通过库伦相互作用或通过与晶格的核反应产生载流子。半导体材料与高能粒子电离辐射产生电荷主要有两种机理：直接电离和间接电离。

在直接电离中，发生单粒子效应的粒子主要为重离子，重离子与半导体材料原子的核外电子发生非弹性碰撞，沿粒子入射径迹产生电子空穴对，直至粒子失去所有能量被器件吸收或者穿透整个器件。间接电离主要由质量数较小的粒子引起，如质子、中子等，由于能量很高与材料原子发生碰撞，可能引起核散射或分裂产生次级粒子，次级粒子能量比初级粒子低，因此次级粒子通过库仑相互作用产生电荷。大部分情况下，直接电离是粒子与半导体材料作用产生电荷的主要方式。

当高能粒子撞击材料时失去的能量被称为线性能量传输（Linear Energy Transfer，LET）。LET 表示的是通过材料密度归一化的入射粒子在单位长度淀积的能量，单位为 $MeV \cdot cm^2/mg$。

$$LET = \frac{1}{\rho} \frac{dE}{dx} \tag{2-5}$$

在 Si 材料中，入射粒子在单位长度产生的电子空穴对数为：

$$\frac{dN_{ehp}}{dx} = \frac{dP_{ehp}}{dx} = \frac{1}{E_{ehp}} \frac{dE}{dx} = \frac{\rho}{3.6eV} \cdot LET \tag{2-6}$$

式中 P_{ehp}——电离产生的空穴数；

N_{ehp}——电离产生的电子数。

此外，LET 还有一个单位 $pC/\mu m$，用于器件的数值模拟。

$$1pC/\mu m = \frac{1 \times 10^{-12}C}{1.6 \times 10^{-19}C/pair} \cdot \frac{3.6eV/pair}{\rho \times 10^6} \cdot 10^4 cm = 96.608 MeV \cdot cm^2/mg$$

$$\tag{2-7}$$

其中，ρ 为材料密度。如果 LET 和材料的密度恒定，则沿入射轨迹淀积的能量可用等式（2-7）计算。如果材料厚度大于粒子的入射深度，则粒子将失去所有能量，即入射粒子被材料吸收了。单位长度的能量损失在布拉格峰值处最大。高能量粒子从进入物质到完全被物质吸收穿过的最大距离称为射程，取决于入射粒子的能量、粒子的原子序数和目标材料的性质。

在电荷产生之后会发生电子空穴的复合，也被称为"初始复合"。两个极限情况的模型分析量化了复合过程：当电子/空穴对靠近时（柱状模型）和它们相距很远时（成对模型），两种情况的区别是热半径距离。这个距离对应的是电子-空穴达到热平衡后的空间。在柱状模型中，电荷沿入射粒子的入射轨迹分布成柱状或圆柱状，这种电荷密度很高，因此电子和空穴可以在柱内复合。相反，在成对模型中，电子-空穴对的距离大于硅的热半径，复合主要发生在新产生的同一对电子和空穴之间，其复合率远小于柱状模型的复合率。

单粒子撞击器件时，在粒子径迹上产生电子-空穴对，这些电子-空穴对很快会发生复合而消失，若存在电场时，这些电子-空穴对被分离而定向运动产生电流。传统的电荷收集机理主要包括漂移、漏斗效应、扩散等，随着器件尺度缩减至纳米级，则导致了寄生双极放大效应的增强。漂移是载流子在外加电场或者内建电场的作用下发生输运，而复合是两种相反电荷的载流子复合消失。在器件的仿真模拟过程中，主要考虑了两种复合：SRH 复合和 Auger 复合，SRH 复合指的是通过复合中心进行复合，Auger 复合指的是载流子向低能级跃迁。当电子和空穴发生复合时，将产生多余的能量传给另一个载流子，使其获得能量被激发到更高的能级，当重新回落至低能级时，则以声子的形式放出多余的能量。下面将分析四种传统电荷的收集机制。

（1）漂移收集机制

由图 2-17 可知，当粒子入射半导体器件时，由于耗尽区电场 E 的作用，反偏 P-N 结内或附近产生的电子-空穴对会逐渐分离，其中电子向 N 区移动，空穴向 P 区移动。由于电子和空穴的定向运动在 MOS 器件漏极产生瞬态脉冲电流，从而引起漏极电荷收集增多。单粒子撞击器件产生电子和空穴的移动由 P-N 结耗尽区的电场 E 控制，因此称之为漂移电荷收集机制。

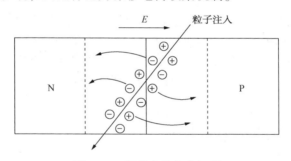

图 2-17　漂移电荷收集机制

（2）漏斗效应（Funneling）

当重离子入射时，产生一个具有一定空间大小的等离子团，这个等离子团里面包含了电子-空穴对，在粒子入射的瞬间，等离子团内的电子、空穴密度高出衬底掺杂浓度几个数量级，由于浓度差则开始发生载流子的扩散运动，同时在外加电场的作用下开始漂移运动，空穴漂移到衬底中，电子则被漏端收集，在外加电场的作用下耗尽区将被推移至衬底，电荷漏斗形成，然后随着载流子的复合、收集，漏斗电场逐渐恢复到粒子入射前的状态。由于漏斗电场的存在增加了电荷的收集区，导致漏极瞬态电流的增大，研究发现漏斗电场的存在导致漏端收集的电荷高出空间电荷区收集的电荷近一个数量级，并且在高电场的作用下，电荷在漂移收集过程中会发生雪崩倍增效应。图 2-18 给出了粒子入射前后由漏斗效应引起等势线变形的示意图。

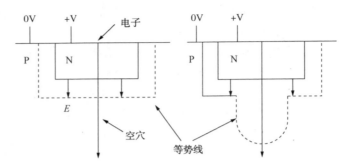

图 2-18　粒子入射前后 P-N 结中等势线示意图

（3）扩散收集机制

由于粒子注入在 P-N 结耗尽区附近及漏斗区的衬底中而产生的载流子与周围浓度梯度差异而发生扩散作用，这些载流子经过一定的时间和空间距离后，最终被器件收集。由于扩散相对于前期的漂移运动需要更长时间，因此它对总收集电荷的贡献主要体现在形成漏极瞬态电流脉冲的后端。

（4）双极放大效应

电子-空穴对由于入射粒子轰击半导体器件时被激发产生，在耗尽区电场的作用下电子被漏极收集，空穴则留在体内，导致体电势升高，则源/体结势垒降低及形成 P-N 结正偏，引起 MOS 器件管中的寄生双极晶体管开启，因此源极的电子通过沟道向漏极运动，被漏极吸收从而增大了漏极的瞬态电流以及电荷收集量。

2.3.3　单粒子瞬态效应模型

对于不同的电荷收集机理，研究者们提出了多种电流解析模型，如雪崩倍增模型、粒子分流模型和基于漏斗效应的模型等，其中 Messenger 提出的双指数电流模型是单粒子效应研究领域内描述瞬态电流脉冲最经典的模型。

该模型中，假设粒子入射过程中沿入射径迹长度上电荷的产生率恒定不变，且入射后初始电荷密度建立时间小于 10ps，并且假设初始粒子的入射径迹与热电子的激发过程有关，入射粒子未穿透耗尽层。基于这些假设条件，经过简化近似，得到双指数模型：

$$I(t) = I_0(e^{-\alpha t} - e^{-\beta t}) \qquad (2-8)$$

式中　I_0——最大电流的近似值；

　　　$1/\alpha$——节点电荷收集的时间常数；

　　　$1/\beta$——粒子轨迹初始建立的时间常数。

$$\alpha = u\frac{dE}{dx} \qquad (2-9)$$

对于单边突变结,

$$\frac{\mathrm{d}E}{\mathrm{d}x} = \frac{qN_a}{\varepsilon} \qquad (2-10)$$

如果入射角度为 θ,电流公式变为:

$$I(t) = I_0 \sec\theta(\mathrm{e}^{-\alpha t} - \mathrm{e}^{-\beta t}) \qquad (2-11)$$

Messenger 的双指数模型对于大尺寸器件的单粒子瞬态电流能够很好地描述,但随着工艺尺寸的缩减,双指数模型仅考虑漂移机制,对电荷收集过程当中偏压的变化和双极放大效应的增强效应并未考虑。

考虑到偏压对于瞬态电流的影响,敏感节点的电压随电流脉冲的变化而变化,当瞬态电流的上升导致节点电压的大幅下降,使得耗尽区宽度减小,因此漂移电流也会随之减小,电压下降得就越慢。改进电压后的瞬态电流模型为:

$$I(t, V) = \mathrm{f}(LET) \cdot \sqrt{\frac{V_{bi} + V}{V_{bi} + V_{\max}}}(\mathrm{e}^{-\alpha t} - \mathrm{e}^{-\beta t}) \qquad (2-12)$$

式中 V_{bi}——内建电势差;

$\quad\quad V_{\max}$——所接电源电压;

$\quad$ f(LET)——峰值电流关于 LET 的线性表达式。

2.4   本章小结

本章首先阐述了应变 Si 技术性能增强机理及两种应力引入方式;其次,分析了 MOS 器件在电离效应下产生电子空穴对的输运机制,详细分析了氧化层陷阱正电荷及界面态电荷的形成机制以及这两种电荷对器件电学特性的影响;最后,分析了单粒子效应引起器件内部产生的电荷淀积及四种电荷收集机理(漂移收集机制、漏斗效应、扩散收集机制及双极放大效应)。本章阐述的应变 Si 技术理论及 MOS 器件辐照效应机理,为后续章节对应变 Si 纳米 MOS 器件辐照效应及加固技术的研究提供了重要理论基础。

3

单轴应变Si纳米沟道 MOS器件设计与制造

开展单轴应变 Si 纳米 MOS 器件辐照研究，深刻理解和揭示辐照对器件性能的影响机制，需要大量不同规格的试验样品，市场购买实验所需样品已不能满足项目需求。为此，本章首先研究了应变 Si 材料能带结构随应力演化规律，采用 SiN 薄膜工艺致应力的方法在器件沟道中引入应力，应用器件仿真软件对应力随工艺的演化规律进行了研究，提出了 30nm、40nm、50nm 三种沟道尺寸的单轴应变 Si MOS 器件优化结构，并获得了优化的工艺方案。基于该方案，制备出性能满足实验要求的器件样品，为后续辐照研究的顺利开展奠定了重要的"物质基础"。

3.1　应变 Si 材料

3.1.1　应变 Si 材料的能带结构

　　沿 <100> 方向的六个旋转椭球面是弛豫 Si 材料导带底的等能面，布里渊区中心到其边界的 0.85 倍处称为导带的极小值。当 Si 材料受到应力的作用后，能带结构会发生相应地改变。理论和实验结果均表明：在双轴应变的张应力作用下，Si 导带底附近的六度简并 Δ_6 能谷被分裂成二度简并能谷 Δ_2 及四度简并能谷 Δ_4，其二度简并的能谷 Δ_2 及四度简并的能谷 Δ_4 能量极小值分别呈下降和升高趋势，图 3-1 显示了应变 Si 材料导带的分裂情况。

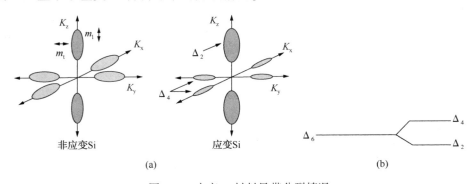

图 3-1　应变 Si 材料导带分裂情况

　　Si 的价带结构受到张应力的作用也将发生改变，原来简并的轻空穴带和重空穴带在 Γ 点将被分离，轻空穴带（LH）及重空穴带（HH）的能量分别呈升高和下降的趋势，图 3-2 为应变 Si 材料价带的分裂情况，同时，由于自旋轨道的耦合分裂出的能带（SO）能量也将随之降低。与张应力相比，压应力对应变 Si 能带结构的影响则相反。在压应力的作用下处于导带最小值附近的 6 个旋转椭球等能面被分裂成 Δ_4 能谷和 Δ_2 能谷，其中 Δ_4 能谷和 Δ_2 能谷分别呈下降和升高趋势，而电子的传输特性依赖于 Δ_4 能谷。此外，由于压应力的存在，重空穴带出现上移现象，而自旋-耦合的第三带及轻空穴带出现下移现象，重空穴带决定了空穴的传输特性。

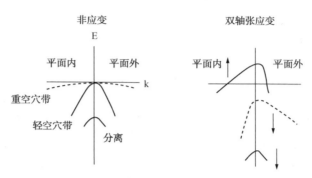

图 3-2　应变 Si 材料价带分裂情况

3.1.2　载流子迁移率的增强机制

根据半导体理论得知，载流子的迁移率被定义为单位电场强度下载流子所获得的平均漂移速度。即表达式为：

$$\mu = \frac{q < \tau >}{m_c} \tag{3-1}$$

式中，m_c、q 及 τ 分别表示的是电导有效质量、电子的电荷量及散射概率。

在应变 Si 材料中，由于电导有效质量的减少和谷间散射的降低提高了电子的迁移率。而空穴迁移率的提高较为复杂：价带中原来简并的轻空穴带和重空穴带由于张应力的存在而被分裂，引起轻空穴带和重空穴带呈上升和下降趋势，而空穴主要分布在轻空穴带，则使得空穴的电导有效质量减小。此外，空穴的 LH 和 HH 带也因张应力的存在而被分裂，使得轻空穴带和重空穴带之间的非极性光学声子散射减小，则空穴迁移率提高。轻空穴带和重空穴带在压应力作用下同样被分裂，因此他们之间的非极性光学声子散射可以被有效地抑制，故空穴的迁移率得到提高。

对单轴应力与双轴应力进行了理论计算及试验数据的分析，得知对于单轴应力地应用相对较好。首先，以单轴应变 PMOS 器件为例，不论是平面内与平面外的电导有效质量因应力使价带扭曲而减小。在比较高的应变条件下材料性能会因应变弛豫而发生退化。因此，在低应变及高场下材料的空穴迁移率显著增强。其次，以双轴应变 NMOS 器件为例，单轴应变引起阈值电压的漂移量比双轴应变小 4 倍之多，而阈值电压(V_{th})漂移会导致电子迁移率的降低，因此双轴应变引起的电子迁移率没有单轴的大。此外，散射受到抑制和电导有效质量减小是单轴应变提高迁移率的两个主要因素，而双轴张应变下迁移率的提高除了受到散射影响之外，还依赖于最低子带轻空穴特性和电导有效质量增大之间的共同作用。

图 3-3 和图 3-4 分别给出了电子迁移率及空穴迁移率在单轴及双轴应力作用下的变化趋势，其中，横坐标代表的是应力大小，单位为 GPa；纵坐标表示的是电子及空穴迁移率提高的百分比。由图 3-3 可知，单轴应力和双轴应力对电子迁移率的提升效果基本相似，其值大约是原来的 1.8 倍。由图 3-4 可知，单轴应力和双轴应力对空穴迁移率产生的效果却相差很大，其值大约是原来的 4 倍。因此，采用单轴应力技术提高材料载流子迁移率更加合适。

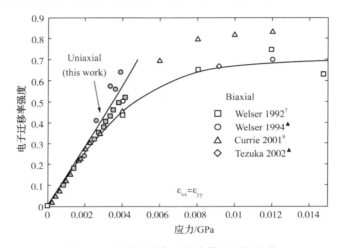

图 3-3　电子迁移率在应力作用下的变化

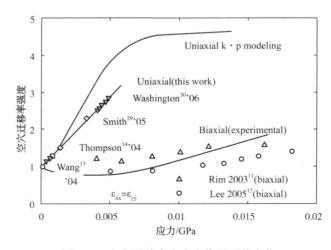

图 3-4　空穴迁移率在应力作用下的变化

3.2　单轴应变 Si 纳米沟道 MOS 器件设计

为了开展单轴应变 Si 纳米沟道 MOS 器件辐照研究，需要制备大量不同规格的试验样品，在此之前则需要通过器件仿真软件优化器件参数，理论得到器件的最优参数，最后进行样品制备。

3.2.1　SiN 薄膜致应变器件性能仿真

上一章已经阐述了工艺致单轴应变的几种方法，其中 SiN 薄膜是所有沟道应力引入技术中应用最广、可控性最强的技术，故单轴应变 Si 纳米器件的制造工艺采用该方案进行沟道应力引入。由于 SCE 及 DIBL 等小尺寸器件二级效应的出现，导致纳米 MOS 器件性能的退化。因此，在设计器件时采用了 HALO 结构及源/漏延伸区（SDE）来更好地抑制这些效应，此外还采用了自对准工艺、超浅结技术等新型工艺。图 3-5 是设计器件的基本结构。

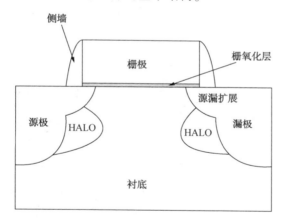

图 3-5　纳米 Si MOS 器件基本结构图

将 SiN 张应力薄膜覆盖在 NMOS 器件的源/漏及栅极，如图 3-6 所示。图 3-6 为掺杂浓度及应力分布图。从图中可以看出，由于 SiN 张应力膜的引入，使沟道区受到拉伸作用形成张应力，而源漏区受到挤压形成压应力。

图 3-7 是沟道下方 5nm 处 50nm 应变 NMOS 器件的应力分布图，其 X 轴坐标原点作为沟道中心位置。由图 3-7 可看出，接近源/漏的沟道两侧张应力最大，离沟道中心越近应力越小，在沟道正中心的位置时应力达到最小值。此外，发现沟道内的应力随着薄膜应力的增大以大约 1/3 的趋势而增大。

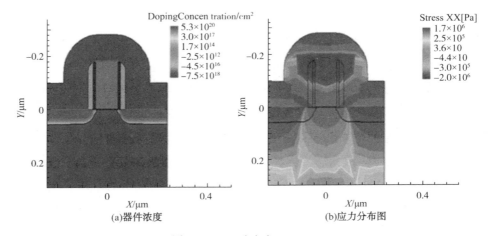

(a)器件浓度　　　　　　　(b)应力分布图

图 3-6　SiN 致应变 Si NMOS

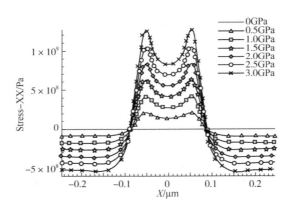

图 3-7　50nm 应变 NMOS 器件沟道应力分布图

随着集成电路的快速发展，其器件特征尺寸进入纳米尺度，因此可以利用 Sentaurus TCAD 软件仿真进行纳米器件的研究分析，需要添加小尺寸模型及迁移率模型等。采用器件结构如图 3-8(a)所示，其中沟道张应力通过淀积 SiN 应力膜引入。图 3-8(b)和图 3-8(c)为不同张应力作用下 50nm 单轴应变 Si NMOS 器件的转移和输出特性曲线。从图 3-8(b)和图 3-8(c)中可以看出，漏电流随着本征张应力的增大而提高，这主要是由于沟道内的电子迁移率随着张应力的增大而增大，而当电子迁移率随着应力增大到一定值时也将趋于饱和状态。

图 3-9 为线性区漏电流、跨导以及亚阈值斜率随沟道长度变化的曲线。图 3-9(a)中可看出应力作用下漏电流随沟道长度的增加而减小，即要增大漏电流可以减小沟道长度。从图 3-9(b)中看出，跨导随着沟道长度的增加而变小，即栅极对沟道控制能力减弱，而亚阈值特性随着栅长的增加反而有比较好的特性。

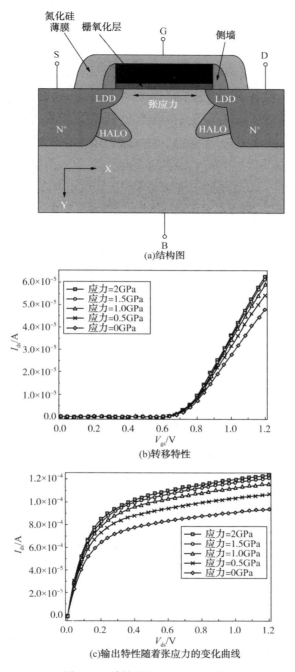

(a)结构图

(b)转移特性

(c)输出特性随着张应力的变化曲线

图 3-8　单轴应变 Si NMOS 器件

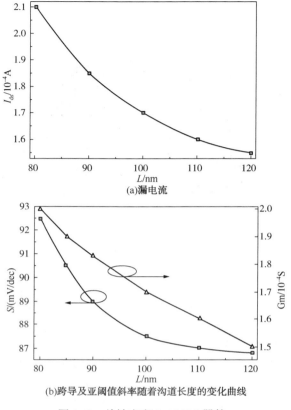

(a)漏电流

(b)跨导及亚阈值斜率随着沟道长度的变化曲线

图 3-9　单轴应变 Si NMOS 器件

3.2.2　纳米级应变 MOS 器件工艺参数优化

为了得到优化的器件结构，需要分析器件结构与沟道中张应力的关系，则本小节进行栅氧化层厚度、SiN 膜淀积次数和厚度等因素对沟道应力的影响分析，从而优化参数使应变 NMOS 器件性能得到提升。

图 3-10 为阈值电压与饱和漏电流随栅氧化层厚度的变化趋势。从图 3-10（a）中可知，相比于常规器件，应变器件沟道中产生的应力会使阈值电压略有减小。图 3-10（b）中，饱和漏电流随栅氧化层厚度的减小而呈增大趋势，这是由于阈值电压越小，器件越容易开启，则在相同的栅压和漏压下，输出电流 I_{ds} 就越大。图 3-10（c）是漏电压 0.05V、栅极电压为 1.2V 时，栅电流随着栅氧化层厚度变化的曲线。当栅氧化层厚度从 2.6nm 减薄至 1.6nm 时，50nm 器件的栅电流 I_g 提高了近 6 个数量级。

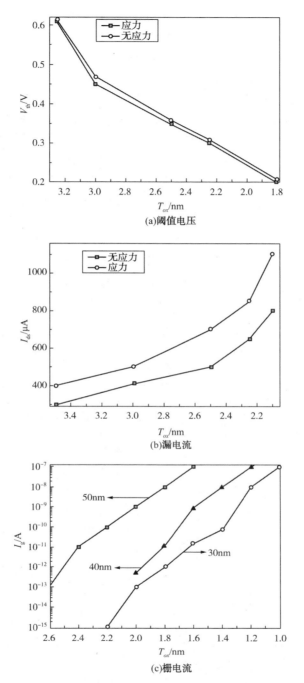

(a)阈值电压

(b)漏电流

(c)栅电流

图 3-10 阈值电压与饱和漏电随栅氧化层厚度的变化趋势

图 3-11 为沟道中张应力随着应力薄膜淀积次数以及厚度的变化曲线图。本征应力设定为 1GPa，由图 3-11（a）可知沟道中的张应力随着淀积次数（times）地增加而逐渐提高。当 times＝1 时和 times＝50 时，沟道中心处的张应力值分别为 546.5MPa 和 855.7MPa，应力大小提高了 36%。此外，可看出当淀积次数大于 20 次，随着 times 的增加沟道应力值随之增大，最后趋于饱和。由图 3-11（b）可知随着张应力膜厚度（thickness）地增加沟道内的张应力也逐渐增大。当 thickness ＝5nm 和 thickness＝100nm 时，沟道中心张应力分别为 552.8MPa 和 926.3MPa，数值上增加了 373.5MPa，thickness 从 100nm 增加到 300nm 时，沟道中心的张应力提高至 958.6MPa，增加了 32.3MPa，增幅大约 0.12 倍。整体呈现出的变化趋势为：沟道中应力在 thickness 小于 100nm 范围内呈增大的趋势，当 thickness 大于 100nm，其增大的趋势变缓，最终趋于饱和状态。因此，通过分析可得知应力

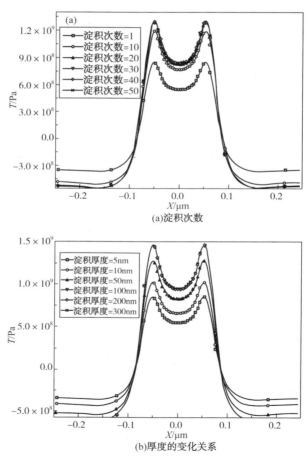

（a）淀积次数

（b）厚度的变化关系

图 3-11　应力分布随着 SiN 张应力膜

薄膜淀积次数以及厚度的持续增加并不会引起沟道应力的继续提高，同时考虑到继续增大薄膜的淀积次数和厚度只会增加工艺的复杂度以及成本。因此，将 SiN 张应力膜淀积次数及厚度分别控制在 20 次左右及 100nm 是合理的。

图 3-12 为单轴应变 Si 纳米 NMOS 器件 30nm、40nm 和 50nm 的转移和输出曲线。SiN 的本征张应力设为 1GPa，施加漏极电压及栅极电压均为 1.2V。对于 30nm NMOS 器件，加应力前后饱和漏电流增幅比为 26.8%；对于 40nm NMOS 器件，加应力前后饱和漏电流增幅为 28.7%；对于 50nm NMOS 器件，加应力前后饱和漏电流增幅为 29.9%。此外，30nm、40nm 和 50nm 应变后开关电流比 I_{off_sat} 分别为 10nA、87nA 和 105nA，保持了良好的电流开关比。

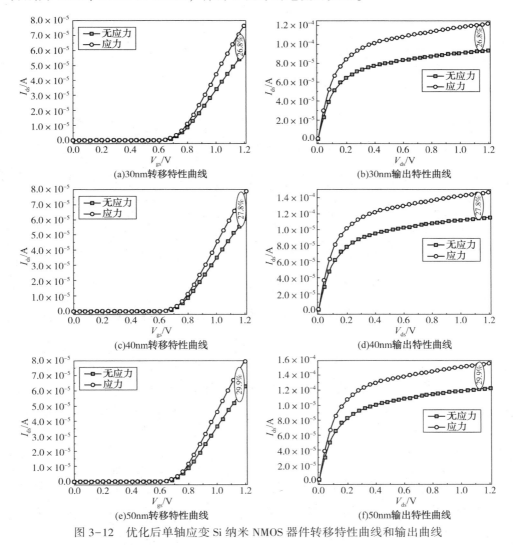

图 3-12　优化后单轴应变 Si 纳米 NMOS 器件转移特性曲线和输出曲线

通过以上仿真分析以及课题组其他同学的仿真结果，获得了相对优化的应变 Si NMOS 器件结构。优化后的 50nm、40nm 和 30nm 节点下器件基本结构和工艺参数见表 3-1。

表 3-1　纳米 NMOS 器件结构和工艺基本参数

特性尺寸	50nm	40nm	30nm
多晶 Si 栅长度	50nm	40nm	30nm
多晶 Si 栅宽度	1μm	1μm	1μm
多晶 Si 栅厚度	180nm	120nm	100nm
N$^+$ 多晶 Si 掺杂	6×10^{19}cm^{-3}	1×10^{20}cm^{-3}	2×10^{20}cm^{-3}
侧墙厚度	30nm	35nm	40nm
有效沟道长度	45nm	35nm	22nm
沟道掺杂浓度	5×10^{17}cm^{-3}	1×10^{18}cm^{-3}	1.5×10^{18}cm^{-3}
栅氧化层厚度	2.0nm	1.4nm	1.2nm
SDE 剂量	3×10^{13}cm^{-2}	2×10^{14}cm^{-2}	3×10^{14}cm^{-2}
SDE 能量	3.0kev	1kev	0.8kev
HALO 剂量	2×10^{13}cm^{-2}	3×10^{13}cm^{-2}	4×10^{13}cm^{-2}
HALO 能量	12kev	15kev	20kev
HALO 角度	30°	40°	30°
SD 浓度	3×10^{20}cm^{-3}	1×10^{21}cm^{-3}	3×10^{21}cm^{-3}
SiN 本征应力	1GPa	1GPa	1GPa
栅氧化层厚度(t_{ox})	2nm	1.55nm	1.3nm
SiN 膜厚度(thickness)	100nm	100nm	100nm
SiN 膜淀积次数(times)	20	20	20

3.3　单轴应变 Si 纳米 MOS 器件制造

随着器件沟道尺寸地减小会引入一系列的非理想效应，尤其是短沟道效应（SCE）、DIBL 等小尺寸二级物理效应引起器件的电学性能严重退化。为了有效地抑制上述效应，在器件设计上还需加入轻掺杂漏（LDD）和 HALO 等结构。同时，还可采用超浅结技术、自对准等工艺，确保制备出的器件具有优异的电学特性，器件制备基本工艺流程如图 3-13。

基于单轴应变 Si 纳米 MOS 器件性能增强机制及其关键物理参数和载流子迁移率与应力类型和强度关系的研究成果，以及工艺优化等研究成果，根据优化的器件制备工艺流程，绘制了单轴应变 Si 纳米 NMOS 器件和单轴应变 Si 纳米 PMOS 器件版图。

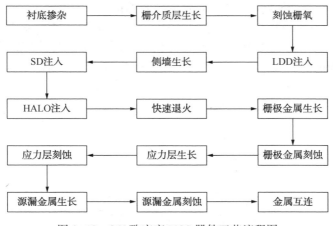

图 3-13　SiN 致应变 MOS 器件工艺流程图

3.3.1　单轴应变 Si 纳米沟道 MOS 器件制造工艺及实物样品

单轴应变 Si 纳米 MOS 器件与弛豫 Si 纳米 MOS 器件的制造工艺不同的是，淀积 SiN 薄膜在沟道中产生应力。图 3-14 为应变 Si 纳米 NMOS 器件制备关键工艺步骤示意图，PMOS 器件工艺与此类似。

（1）首先光刻有源区形成 P 阱：热氧化形成初始氧化层作为阱区注入的掩蔽层，在氧化层上光刻出阱区窗口，离子注入硼形成 P 阱，并进行退火和阱区推进，如步骤 1；其次，淀积 Poly-Si 栅作为伪栅极，用 Poly-Si 栅极版图刻蚀poly-Si，该步骤为自对准工艺为了形成源/漏区，如步骤 2 所示。

（2）使用自对准工艺，对源/漏区进行轻掺杂 As 离子注入形成 LDD 区，其浓度约为 $5e19cm^{-3}$，该工艺步骤是为了抑制小尺寸器件引起的短沟道效应，如步骤 3 所示。

（3）淀积 SiN 层，采用干法刻蚀形成 SiN 侧墙，目的是为了防止大剂量的源/漏注入过于接近沟道从而导致沟道过短甚至源/漏连通，如步骤 4 所示。

（4）使用自对准工艺，对源/漏区进行重掺杂 As 离子注入，以形成 n+源漏区，其浓度约为 $5e20cm^{-3}$，如步骤 5 所示。

（5）掩蔽漏极区，对源极区进行 P 型离子注入以形成源极 HALO 区，同样工艺步骤形成漏极 HALO 区，快速热退火激活源漏区及 HALO 区离子，并消除缺陷，如步骤 6 及步骤 7 所示。

（6）干法刻蚀去除 Poly Si 伪栅，自然氧化一层薄 SiO_2 层并淀积 High-K 及栅极金属(其中 NMOS 器件为 TiAl、PMOS 器件为 TiN)，由于 Si 和 HfO_2 之间有比较大的晶格失配，因此需要在生长 HfO_2 之前先生长一层薄的 SiO_2，生长 HfO_2 时采用原子层淀积的方法，其次使用金属栅代替 Poly Si 栅为了消除其栅极耗尽，如步骤 8 所示。

（7）源/漏及栅淀积 SiN 薄膜致密膜，致密的 SiN 薄膜使得 NMOS 器件的源/漏区的 Si 材料具有收缩作用，引起沟道中的 Si 材料发生扩张形成张应力，如步骤 9 所示，使用干法刻蚀源/漏沟槽，并淀积源/漏金属 Ni，淀积硼磷硅玻璃钝化层，并刻蚀引线孔，使用金属钨进行填充，如步骤 10 及步骤 11 所示。

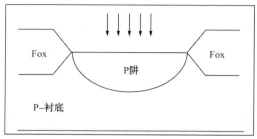

(a)步骤1：在P-衬底上,使用P型离子注入工艺,形成P阱

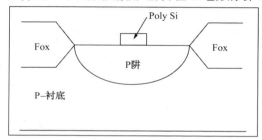

(b)步骤2：淀积Poly Si栅极介质

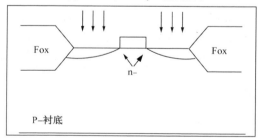

(c)步骤3：使用自对准工艺,对源漏区进行轻掺杂离子注入,以形成LDD区

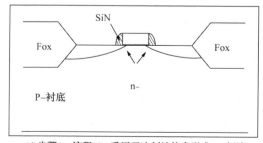

(d)步骤4：淀积SiN,采用干法刻蚀技术形成SiN侧墙

图 3-14　纳米应变 Si NMOS 器件的制造工艺流程

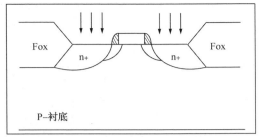

(e)步骤5：使用自对准工艺,对源漏区进行重掺杂离子注入,以形成n+源漏区

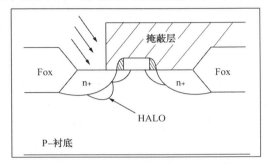

(f)步骤6：对源极区进行P型离子注入,以形成源极HALO区

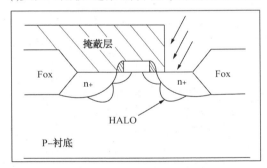

(g)步骤7：对漏极区进行P型离子注入,以形成漏极HALO区并采用快速热退火

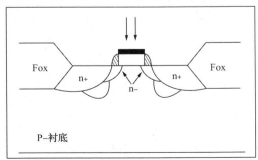

(h)步骤8：干法刻蚀Poly Si栅,淀积高–K及栅极金属(其中NMOS器件为TiAl、PMOS器件为TiN)

图 3–14　纳米应变 Si NMOS 器件的制造工艺流程(续)

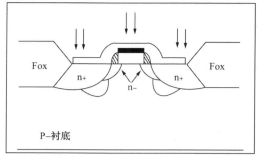

(i)步骤9：淀积SiN应力层

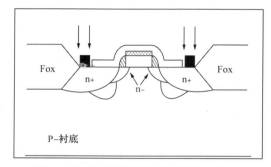

(j)步骤10：使用干法刻蚀源/漏沟槽,并淀积源/漏金属Ni

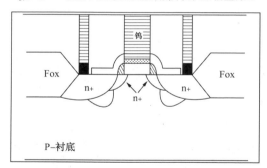

(k)步骤11：淀积钝化层,并刻蚀引线孔,使用金属钨进行填充

图 3-14　纳米应变 Si NMOS 器件的制造工艺流程(续)

通过上述工艺步骤，制备得到了如图 3-15 所示的应变 Si 纳米器件，其中器件的尺寸及材料参数如下：由 SiO$_2$ 和 HfO$_2$ 组成的栅介质层的等效氧化层厚度约为 1nm，源和漏的区域结深为 25nm，沟道长度分别为 30nm、40nm、50nm，沟道宽度为 3μm。图 3-16 与 3-17 所示的分别为制备 30nm、40nm 和 50nm 三种沟道长度的应变 Si 纳米 NMOS 器件与 PMOS 器件显微照片。

图 3-15 应变 Si 纳米 MOS 器件的实物图

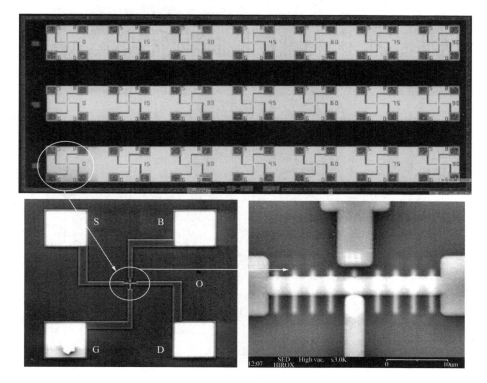

图 3-16 应变 Si 30nm、40nm 和 50nm NMOS 器件显微照片

　　为了便于对器件可靠性等研究，项目组将制备的 30nm、40nm 和 50nm 三种沟道长度的 N/PMOS 器件进行了封装，封装后的器件照片如图 3-18 所示。

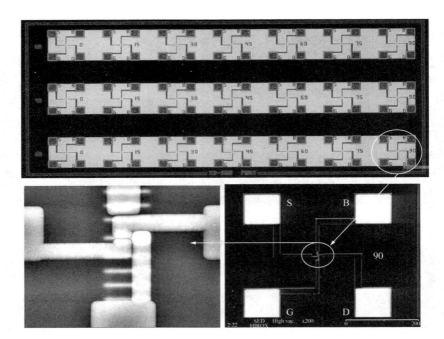

图 3-17 应变 Si 30nm、40nm 和 50nm PMOS 器件显微照片

图 3-18 N/PMOS 器件封装后照片

3.3.2 单轴应变 Si 纳米沟道 MOS 器件测试结果与分析

在器件制备完成后，使用 4200 半导体测试分析仪对器件进行了电学性能测试。在测试中发现，30nm 和 40nm 器件沟道长度较小，器件的成品率较低，短沟道效应显著，因此，只给出 50nm 沟道应变 Si MOS 器件的测试结果，测试结果如下。

制备的弛豫和应变 Si 纳米 NMOS 器件样品的测试结果如图 3-19 和图 3-20 所示。从图中可知：当 V_{ds} = 1V 及 V_{gs} = 1V 时，弛豫 Si 纳米 NMOS 器件输出电流 I_{ds} 为 2.28mA，应变 Si 纳米 NMOS 器件输出电流 I_{ds} 为 7.4mA，应变 Si 纳米 NMOS 器件与弛豫 Si 纳米 NMOS 器件相比，器件驱动能力性能提升了 224.6%，这是由于张应力存在时，Si 导带底附近的六度简并 Δ_6 能谷被分裂成二度简并能谷 Δ_2 及四度简并能谷 Δ_4，其二度简并能谷 Δ_2 及四度简并能谷 Δ_4 能量极小值分别呈下降和升高趋势，而电子基本占据较低能谷 Δ_2，则电子的电导有效质量减小，从而提升了电子的迁移率，故增大了器件的驱动能力。

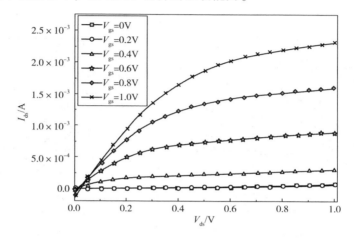

图 3-19　弛豫 Si 纳米 NMOS 器件样管测试结果

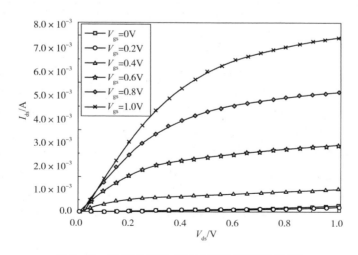

图 3-20　应变 Si 纳米 NMOS 器件样管测试结果

制备的弛豫和应变 Si 纳米 PMOS 器件样品的测试结果如图 3-21 和图 3-22 所示。从图中可知：当 $V_{ds}=-1V$ 及 $V_{gs}=-1V$ 时，弛豫 Si 纳米 PMOS 器件输出电流 I_{ds} 为 $-2.31mA$，应变 Si 纳米 PMOS 器件输出电流 I_{ds} 为 $-6.73mA$，应变 Si 纳米 PMOS 器件与弛豫 Si 纳米 PMOS 器件相比，器件驱动能力性能提升了 192.2%。价带中原来简并的轻空穴带和重空穴带由于张应力的存在而被分裂，引起轻空穴带和重空穴带呈上升和下降趋势，而空穴主要分布在轻空穴带，则使得空穴的电导有效质量减小。此外，空穴的轻空穴带和重空穴带也因张应力的存在而被分裂，使得轻空穴带和重空穴带之间的非极性光学声子散射减小，故提高了空穴迁移率及器件驱动能力。

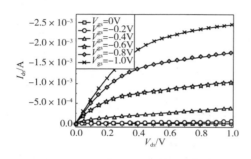

图 3-21　弛豫 Si 纳米 PMOS 器件
样管测试结果

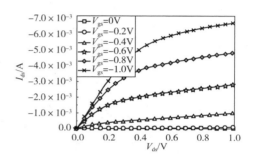

图 3-22　应变 Si 纳米 PMOS 器件
样管测试结果

3.4　本章小结

本章首先研究了应变 Si 材料能带结构随应力的演化规律；其次，提出了采用工艺致应力的方法在器件沟道中引入应力，应用器件仿真软件研究了应力与工艺的相关性，提出了 30nm、40nm、50nm 三种沟道尺寸的单轴应变 Si MOS 器件优化结构，并获得了优化的工艺方案；最后，基于该工艺的优化方案，制备出了性能满足实验要求的器件样品，并且对其进行了测试，结果显示应变 Si 纳米 NMOS 器件与弛豫 Si 纳米 NMOS 器件相比，器件驱动能力性能提升了 224.6%；应变 Si 纳米 PMOS 器件与弛豫 Si 纳米 PMOS 器件相比，器件驱动能力性能提升了 192.2%。本章研究内容为后续辐照研究奠定了重要的"物质基础"。

应变Si MOS器件 γ 射线总剂量辐照损伤机制

由于应变 Si 器件在 CMOS 集成电路中的广泛应用，环境对器件的性能有着重要的影响。在太空和核反应堆环境下器件会受到各种辐射的影响，在器件当中会产生各种辐射效应。因此研究器件的辐射效应对器件的可靠性及器件的加固有着重大的意义。

4.1　辐照损伤效应总体分析

不同的辐射源在器件中产生的效应是不同的，大体上可分为电离效应和位移效应。一般这两种效应在器件辐照过程中都是存在的，但是不同器件对于不同的辐照损伤效应的敏感程度是不同的，而且辐照产生两种效应时的能量分配也是不同的。对于少子器件如双极晶体管，对移位损伤敏感，而对于像 MOS 器件这样的多子器件，对电离损伤更加敏感。下面分别介绍这两种辐照损伤。

4.1.1　移位损伤效应

当高能粒子入射到半导体材料中时，粒子在材料中运动的过程中会失去能量，从而引起电离和非电离过程。电离过程会产生电子空穴对，而非电离过程会产生失配原子，从而导致晶格空位和间隙缺陷。空位和临近间隙称为弗仑克尔对，而两个临近的空位称为双空位。在辐照后的 Si 中会出现大量的局部空位，当空位和间隙缺陷临近杂质原子时，还会导致额外的空位-杂质复合体缺陷出现。这种额外的缺陷被定义为辐照 Si 中的 E′ 中心。

在辐照后的材料中，缺陷的分布大体上可以分为两种。一种是缺陷之间的距离较远，称之为点缺陷或隔离缺陷，一般 $1\mathrm{mV}$ 电子或质子引入此种类型的缺陷；另外一种缺陷距离相对较近，并且集中在一个局部的无序区域，这被称为无序区或簇，一般 $1\mathrm{mV}$ 单粒子中子会引入此种缺陷。

一旦缺陷被辐照引入，缺陷会重排列形成稳定的结构。当空位被引入 Si 中时是不稳定的，而且在室温下可以移动。它们会沿着晶格移动形成诸如双空位或空位-杂质复合体等稳定的结构。降低半导体材料和器件性能的有效缺陷与缺陷种类的性质和给定温度下缺陷存在时间有关。缺陷的重排列通常称为退火，退火有热退火和注入退火。退火能够显著降低损伤数量和效果。通常缺陷随时间和增长温度的重排列能够形成稳定的缺陷结构和有效缺陷。

对于实际的辐照基本上可以分为两种情况。一种是瞬间核爆瞬态过程，一种是空间辐射稳态过程。首先考虑的是瞬间强爆发的恒定入射高能粒子。假设被轰击的材料处于室温。根据入射粒子的类型和能量，每个入射粒子都会产生相对宽度的缺陷空间，或者相当数量的紧邻空间缺陷，并且假设缺陷是瞬间产生的。随着缺陷地产生，他们会移动并重排列为稳定的缺陷结构。如果这些局部缺陷被当作与产生后的时间有关的函数来测量，比如说测量一个诸如体材料少子寿命或电荷耦合器件的暗电流等的电学性能参数，通常情况下会观察到这些参数退化。伴随着缺陷地产生，有一个在数秒到几分钟内完成的温度退火的重要过程存在。退火时间与入射粒子的类型和能量有关。而长期的退火过程也是存在的，甚至在室温下可以持续数年。同时提高温度可以增强这些退火过程，同时也可以增加注入水平。

半导体材料或器件的稳态辐照过程，空间辐照环境与此类似。在这样的环境中，缺陷会持续不断地引入，当然缺陷的重排列也是同时存在的。短期热退火和长期热退火会随着辐照缺陷地引入而出现。如果稳态轰击速率，也就是缺陷产生率比缺陷引入的短期热退火速率低得多，稳态时间内引入的辐照损伤效应也将是稳定的。在这种情况下，当辐照停止后，将会观察到相对缓慢的长期退火过程。

通常损伤效应与多重因素有关，包括入射粒子类型、粒子能量、辐照温度、测试温度、辐照后经历的时间、辐照后的热状态、注入水平、材料类型、杂质种类和浓度等等。通常，任何的晶格周期性扰动都可能产生禁带内的能级，辐照引入的缺陷能级、缺陷状态和缺陷中心会对半导体材料的电学和光学特性产生重要影响。

产生移位损伤的辐照环境引起材料和器件退化的基本现象主要有：入射粒子替位原子；缺陷产生的新能级；能级改变材料和器件的电学和光学特性。

主要的基本效应有：

（1）通过中带附近能级热生成电子空穴对；

（2）缺陷中心引起的自由电子空穴对的复合；

（3）典型的浅能级的载流子的临时陷落；

（4）辐照引入的缺陷中心导致的受主和施主的补偿；

（5）缺陷能级引起的载流子的势垒偏置隧穿效应；

（6）辐照引入的缺陷作为散射中心引起的载流子迁移率降低；

（7）移位损伤引入的载流子的移除导致材料类型的转换；

（8）辐照引入的能级缺陷导致载流子的热产生效应。

4.1.2　电离损伤效应

电离损伤效应会使半导体材料性能发生瞬态变化，也可以使绝缘体内产生陷阱电荷和界面电荷。当半导体受到辐照且若入射粒子的能量大于半导体的禁带宽度时，价带中的电子会吸收入射粒子的能量，从而被激发到导带，价带中会留下空穴，从而产生电子空穴对，形成非平衡载流子，使半导体材料的电导率增加。当入射粒子的能量比电子的激发所需的能量大很多时，被激发到导带中的电子会具有很高的动能，并且电子可能处于高能态，这时电子可以通过次级电离或与晶格交换能量的方式释放多余的能量，从而回到导带底。此过程比电子回落到导带的速度快很多，因此导带中会存在大量的非平衡电子。同理价带中也会存在大量的非平衡空穴。由于晶格热容量相对较大，非平衡电子和空穴会以较大概率与晶格发生能量交换，最终使电子和空穴与晶格温度相互独立地处于准平衡状态。这就导致电子和空穴的准费米能级出现，用来分别定义电子和空穴的概率函数。

在非平衡电子空穴对产生的同时，电子空穴也在发生复合。辐照时电子空穴的产生率要远大于复合率，半导体中的电子空穴对急剧增加。辐照停止后，非平衡载流子的复合率要远大于产生率，电子空穴对在寿命时间内复合。由于在非平衡载流子中少子处于主要地位，因此主要用少子寿命决定复合过程。

当绝缘体受到电离辐射时，在绝缘体中也会产生电子空穴对，产生电子空穴对的能量要比半导体大，同时也没有多子屏蔽非平衡载流子，并且电离是沿着明确路径发生的，路径内部的电荷分离互不影响。在辐射路径不重合的条件下，电离产生的非平衡载流子在绝缘体中是不均匀存在的，而且绝缘层内大量存在的陷阱可以俘获电离产生的载流子。

金属费米能级通常比相同温度下的绝缘体低，因此在 MOS 系统中，电子可以很容易传导到金属中，而电子要从金属传导到绝缘体中需要跨越势垒。金属辐照基本上不敏感。

4.2 应变 Si MOS 器件 γ 射线辐照损伤的物理过程

对于 MOS 器件，电离损伤对器件的性能影响较大。而 MOS 器件中的绝缘栅介质对于电离辐照最为明显。图 4-1 为 MOS 结构的栅上加正电压时的能带示意图。

栅极加正电压时，电子向栅极移动而空穴向 Si 衬底移动。当 γ 射线辐照 MOS 器件时，MOS 器件的辐照响应主要有四个物理过程。MOS 系统中对辐照最敏感的是氧化层绝缘体。当辐射粒子穿过栅绝缘介质层时，电子空穴对随着能量的积累而产生。在 SiO_2 中电子的迁移率比空穴迁移率大很多，因此电子可以被电场在 ps 时间范围内很快扫出氧化层。

但是在初始的数 ps 时间内，部分电子和空穴还是会复合掉。而复合的比例与入射粒子的类型和能量，同时还与辐照时的偏置条件有很大的关系。而逃脱初

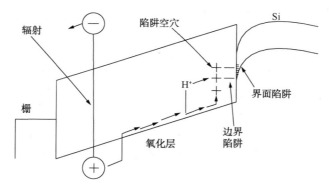

图 4-1　辐照产生的电子和空穴输运示意图

始复合的空穴相对固定并保持在生成点附近从而引起 MOS 器件的阈值电压的负向漂移。电子和空穴的产生和初始复合一起构成了辐照的第一个物理过程。这个物理过程决定了阈值电压的漂移量。

辐照后的第二个物理过程是空穴向 Si/SiO_2 界面传输的过程，这可以引起阈值电压的短期恢复。此过程是分散的，这意味着此过程可以进行数十年，而且与应用环境温度、氧化层厚度和氧化工艺等因素有密切的关系。在室温下此过程通常远小于 1s，但在低温环境下此过程的时间会有数个数量级的差别。

第三个过程是当空穴传输到 Si 界面，一部分空穴会被长期存在的深能级陷阱陷落。这些陷阱空穴能够引起在随后数小时甚至数十年内的 MOS 器件阈值电压的负向漂移。同时这些陷落的空穴也会发生退火过程。

MOS 器件辐照响应的第四个主要过程是辐照引入的 Si/SiO_2 界面处界面陷阱的建立。这些陷阱是 Si 能带带隙中的孤立能级，陷阱是否被占据与费米能级和所加电压有关，而这也导致了阈值电压的漂移。界面陷阱与氧化层生长工艺、应用环境以及温度有密切的关系。

这是 MOS 器件栅介质层辐照的基本物理过程，下面对这些物理过程进行详细的综合分析。

4.2.1　电子空穴对的产生能量

Ausman 和 Mclen 根据 Curtis 等人的实验数据得到了电子空穴对产生的能量 E_p 约为 (18 ± 3) eV，后经 J. M. Benedetto，H. E. Boesch 和 Jr. 等人进一步精确测量分析为 (17 ± 1) eV。从 E_p 的值中可以计算得到电子空穴对的产生率 $g_0 = 8.1 \times 10^{12}$ (cm^{-3} · rad)。

4.2.2　初始的空穴逃脱

当电子空穴对随辐照产生后，电子在 ps 时间范围内被很快扫除出氧化层，但是在这个时间范围内部分电子会和空穴复合。空穴逃脱复合概率 $f_y(E_{ox})$ 主要由两个因素决定：（1）电场强度，主要用于分离电子空穴对；（2）辐照引入的初始电子空穴对的线密度。电子空穴对的线密度由线性能量传递决定，是关于粒子类型和能量的函数，并且与电子空穴对的平均距离成反比。当电子空穴对的空间距离越接近，电子和空穴在给定的电场下就越容易复合，逃脱的空穴就会越少。

　　复合问题还不能只用任意的线密度分析解决，但在限制条件下，分析的结果确实是存在的。电子空穴对或是远离或是接近，如图4-2所示。

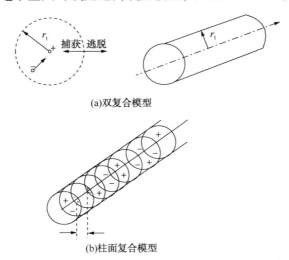

(a)双复合模型

(b)柱面复合模型

图4-2　两种复合模型中电子空穴对分离距离示意图

　　如图4-2(a)所示，在这个模型中，电子空穴对之间的距离比热容化距离即电子和空穴之间的距离大得多，因此电子和空穴之间的相互作应可以被认为是孤立的电子空穴对，他们之间有共同的库伦吸引力，同时又由于电场作用而作相向漂移运动，也因系统的热波动而做随机热扩散运动，电子空穴对之间的相互作用可以被忽略。

　　另一种复合被称之为柱状复合，如图4-2(b)所示。在柱状模型中，电子空穴对之间的距离要远小于 r_t，因此任何一个空穴周围都有几个电子存在。在这个模型中电子空穴的复合概率明显要比双复合模型高。

4.2.3　空穴的输运

　　空穴在氧化层中的输运有如下的特点：①输运过程是高度分散的，因此在辐照后数十年内一直存在；②在实际中普遍存在，因此改变温度，电场，厚度不会改变长时间内回复曲线的形状和分布，这些因素的改变只会影响回复的时间尺度；③输运与电场关系密切；④当温度超过 140K 时，输运过程被热激活，而在 140K 以下，输运失活；⑤空穴输运时间，即恢复时间，与氧化层厚度呈非线性关系。

对空穴输运实验数据整体描述最好的模型是连续随机行走跳跃输运体系模型。具体的输运机制很大的可能是空穴在局部浅能级陷阱态进行空间随机分布的微小极化跳跃，并且彼此之间的平均间隔约为 1nm。极化是指载流子与周围介质发生强烈的相互作用，从而导致周围晶格形变的现象。随着空穴在材料中的输运，晶格的形变随之发生。极化跳跃传输机制的最直接的证据就是在 140K 温度以上才能热激发，而低于 140K 时失去活性。

4.2.4 深空穴陷落和退火

深空穴陷阱位于 Si/SiO_2 界面附近处，因为界面附近有一个过渡区，其中的 Si 氧化是不完整的，此区域包括过剩的 Si 或者说是氧空位。当通常的 SiO_2 晶格结构缺失一个氧原子时，就会留下一个弱的 Si—Si 键，每个 Si 原子只与三个氧原子形成价键。当一个正电荷陷落时，Si—Si 键被打破，晶格发生弛豫，而且弛豫是平面结构的非对称原子弛豫。氧空位最终也会形成 E' 中心。

被氧化层陷阱陷落的空穴是相对稳定的，但是他们也会经历一个长达数小时甚至数年的长期退火过程，此退火过程与时间、温度和应用环境密切相关。通常陷落的空穴的退火会经历隧穿和热激发中的一个过程。在室温或接近室温的环境下，隧穿是主要的退火机制，而当温度降到很低时，热激发会变成主要的退火机制。

辐照引入的陷阱空穴的退火是一个复杂的过程，关于辐照引入的氧化层陷阱的原子结构有许多新的结构，其中中性电子陷阱的作用受到人们的关注。当辐照后的器件在 100℃ 正偏条件下退火一周时间，所有陷落的正电荷表面上看都被移除了。但是当器件施加负电压时，大约有一半的正电荷在一天的时间内又重新建立。这表明辐照引入损伤的退火机制是一个相当复杂的过程，并且部分陷落正电荷只是被中和了而并未被移除，只有部分陷落正电荷真正发生了退火。图 4-3 是辐照引入的空穴的陷落和退火的过程模型。通常假设退火是电子隧穿到带正电荷的 Si 处中和 Si 的正电荷，也就是 Si—Si 价键重新生成。当电子隧穿到中性 Si 处时，形成了偶极子结构，额外的电子可以在偏压改变时隧穿过或隧穿回衬底。此模型与电子自旋谐振的研究结果是一致的，并可以解释与单个缺陷有关的一系列实验结果。

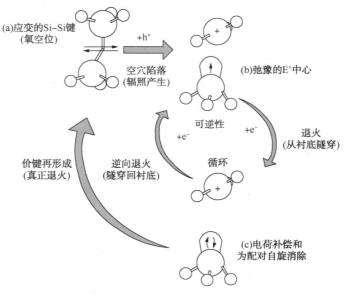

(a)应变的Si-Si键
(氧空位)
+h⁺
空穴陷落
(辐照产生)
(b)弛豫的E'中心
可逆性
+e⁻   +e⁻
退火
(从衬底隧穿)
价键再形成
(真正退火)
逆向退火
(隧穿回衬底)
循环
(c)电荷补偿和
为配对自旋消除

图 4-3 空穴陷落、永久退火、补偿过程模型示意图

4.2.5 辐照引入的界面陷阱

辐照引入的界面态在电子自旋谐振研究中被定义为 P_{b0} 中心。此中心为三价的 Si 原子，与三个其他的 Si 原子形成价键，在氧化层中留下一个悬挂键。这种缺陷是两性的，在中带以上带负电荷，在中带以下带正电荷。通过电学测量方法得到，P_{b0} 中心的建立和界面陷阱的建立有密切的关系。当氧化层生长时，会产生大约 $10^{13}/\mathrm{cm}^2$ 的未钝化的三价 Si 中心。在随后的工艺过程中，大多数的三价 Si 中心与氢原子相互作用而被钝化。它们也会因为辐照作用或其他环境应力而失去钝化。

为了描述辐照引入的界面陷阱，许多的模型被提出，比较一致的观点是，辐照引入界面陷阱的前提是 Si 原子与另外三个 Si 原子和一个氢原子形成的钝化结构。当 Si—H 键被打断时，Si 会留下一个未钝化的悬挂键，这相当于一个活化的电学缺陷。各个模型关于 Si 原子的非钝化过程的描述是不同的，主要的过程是包括质子跳跃传输的两阶段过程。在过程的第一阶段，辐照引入的空穴沿着氧化层传输，并且被束缚的氢以质子的形式得到释放，从而可以自由移动；在第二阶段，质子以连续时间随机行走形式进行跳跃输运，当质子到达 $\mathrm{Si/SiO_2}$ 界面处时，会和已经存在于界面处的 Si—H 键相互作用形成 H_2 并留下一个三价的 Si 缺陷。通过实验可知，偏压对于空穴的产生和传输基本没有影响，但是正偏压对于质子向 $\mathrm{Si/SiO_2}$ 界面的输运是必要的。界面陷阱的建立时间由质子的传输时间决定。

质子跳跃的平均距离是 0.26nm，这与氧原子之间的平均距离相同，另外界面陷阱建立的激活能为 0.82eV。

质子输运的两阶段模型是一个比较全面的模型，并被不同的研究者用不同的技术手段、不同的栅材料技术、不同的结构进行了验证。但是这个模型只是主要的效应，并不能解释所有的现象，除此之外还有次要的效应存在。小部分的界面陷阱是由于空穴输运到界面处建立的，在这种理论中，空穴代替质子打断 Si—H 键。另外，还有研究者认为中性氢原子的漂移是界面陷阱形成的主要机制，而不是质子的漂移输运。但其他研究者分离出中性氢原子的效应，表明其对界面陷阱形成的影响是微小的。当温度在 120～150K 时界面陷阱建立的主要是中性氢原子，当温度高于 200K 时则主要是质子的漂移。

除此之外，其他的模型指出陷落的空穴在一些情形下可以转化为界面陷阱，这些模型并没有指明陷落空穴转换为界面陷阱的具体过程。人们希望用这些模型来预测界面陷阱的建立，但是若仔细比较空穴陷落、移除的过程和界面陷阱的建立过程就会发现，这两个过程有着不同的时间关系、温度关系和偏置关系，除了具有相同的总剂量关系外，其他的均是完全独立的。当然也有研究者对实验数据提出了合理的解释，来支持陷阱空穴的转化。他们指出，未经过缺陷转换的陷落空穴能够解释大多数实验结果。这是因为陷落空穴在一些实验中看起来像界面陷阱。

4.3 本章小结

本章详细分析了 γ 射线总剂量辐照损伤效应对 MOS 器件的影响机理。首先讨论了辐照对半导体器件损伤的两种主要的效应：移位损伤效应和电离损伤效应。之后详细分析了 γ 射线总剂量辐照对 MOS 器件的影响。其中包括电子空穴对的产生，电子空穴的初始逃逸，空穴的输运，界面附近的深空穴陷落和退火，以及界面陷阱的产生。对于 MOS 器件这样的多子型器件，电离效应对器件的影响较大，而 MOS 器件的绝缘栅介质对辐照损伤效应最敏感，因此对于应变 Si 的 MOS 器件的辐照分析应该也主要分析氧化层中的辐照损伤，通过对 γ 射线总剂量辐照机理的分析，为下面的章节的定向分析奠定了理论基础。

5

单轴应变Si纳米MOS器件总剂量辐照阈值电压模型

应变 Si CMOS 器件已经广泛应用于集成电路之中，而外界环境对应变 Si 器件的电学性能造成损伤，尤其是极其恶劣的空间辐射以及核辐射环境，应变 Si 器件及其电路的电学性能总剂量辐照效应引起退化甚至失效。其中阈值电压、跨导等电学特性作为 MOS 器件电学性能的重要指标，然而，目前对应变 Si MOS 器件的辐照效应阈值电压的研究更多的基于实验分析研究，缺少成熟的理论支撑。

为此，本章针对单轴应变 Si 纳米 MOS 器件，考虑总剂量辐照对平带电压的影响以及器件尺寸减小所致的物理效应，求解二维泊松方程，获得了 MOS 器件沟道内的二维电势分布，建立了单轴应变 Si 纳米 MOS 器件阈值电压、跨导等与总剂量辐照以及器件几何尺寸、物理参数之间的关系。搭建总剂量辐照实验平台，验证并提出了单轴应变 Si 纳米 MOS 器件总剂量辐照阈值电压、跨导等模型。该解析模型精确，可为总剂量辐照条件下小尺寸应变 MOS 器件阈值电压的评价提供技术参考与理论依据。

5.1　总剂量 γ 射线辐照实验

为了研究总剂量辐照对单轴应变 Si 纳米 N/PMOS 器件电学特性的影响，对辐照前后的器件进行了电学性能测试。在开展 γ 射线辐照之前对制造的器件进行了封装，并制作了辐照测试用的 PCB 版，如图 5-1 所示。

图 5-1　应变 Si 纳米 NMOS 器件封装照片

本实验器件是以 TiAl 为栅极，高 K 为栅介质，P 型硅衬底的 MOS 结构。制备出了弛豫硅纳米 NMOSFET 以及应变硅纳米 NMOSFET 器件，所不同的是单轴应变器件利用源/漏/栅覆盖一层氮化硅薄膜的工艺技术，薄膜的扩张导致沟道中产生张力而形成。由于 Si 和 HfO_2 之间有比较大的晶格失配，因此需要在生长 HfO_2 之前先生长一层薄的 SiO_2，生长 HfO_2 时采用原子层淀积的方法。SiO_2 和 HfO_2 的真实厚度分别接近于 0.3nm 和 4.4nm。为了抑制小尺寸器件带来的二级物理效应，本实验器件采用了 LDD 和 HALO 结构。器件尺寸及材料参数如下：由 SiO_2 和 HfO_2 组成的栅介质层的等效厚度约为 1nm，源和漏的区域结深为 25nm，沟道长度和宽度分别是 50nm 和 3um。利用半导体测试仪对器件进行了电学特性的测试，其测试原理见图 5-2。

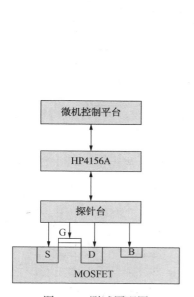

图 5-2　测试原理图

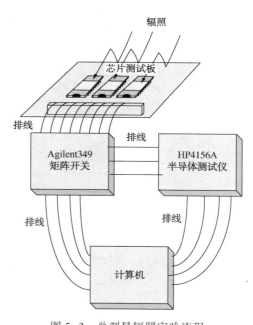

图 5-3　总剂量辐照实验流程

在西北核技术研究所的 Co^{60} γ 射线源照射完成总剂量辐照实验，其选取的剂量率为 50rad(Si)/s，总剂量测试点分别为 50krad(Si)、100krad(Si)、150krad(Si)、200krad(Si)，达到设定剂量点对器件进行移位测试。辐照的偏置条件：栅极电压 $V_{gs} = 1V$，其他电极都接地。测试时所加栅极电压 $V_{gs} = 0 \sim 1V$，扫描电压 $V_{step} = 50mV$，$V_{ds} = 50mV$，$V_s = 0$。辐照前后器件的电学参数测量通过 HP4156A 半导体精密参数测试仪获得。每次测试保证在 30min 之内完成，才能确保测试数据的精确性。总剂量辐照实验的测试方案如图 5-3 所示。γ 射线总剂量辐照实验前后器件电学特性的测试结果如下。

　　器件辐照前后 $I-V$ 输出测试结果如图 5-4~图 5-7 所示。图 5-4(a)和图 5-4(b)分别为纳米 NMOS 器件辐照前后的 $I-V$ 输出特性曲线，从图中可知：当 V_{ds} = 1V 及 V_{gs} = 1V 时，弛豫 Si 纳米 NMOS 器件辐照前输出电流 I_{ds} 为 1.44mA，辐照后输出电流 I_{ds} 为 1.42mA，弛豫 Si 纳米 NMOS 器件辐照前后相比，器件驱动能力性能下降了 1.4%，说明辐照对弛豫 Si 纳米 NMOS 器件的 $I-V$ 特性影响很小。

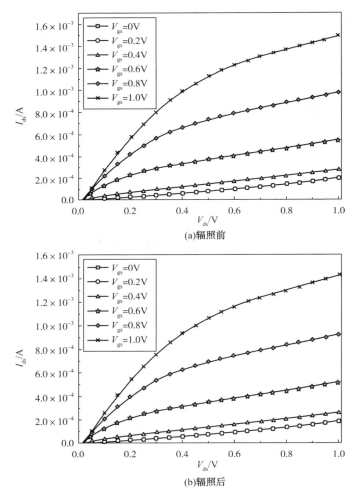

图 5-4　弛豫 Si 纳米 NMOS 器件 $I-V$ 输出特性曲线

　　图 5-5(a)和(b)分别为应变 Si 纳米 NMOS 器件辐照前后的 $I-V$ 输出特性曲线，从图中可知：在 V_{ds} = 1V 及 V_{gs} = 1V 时，应变 Si 纳米 NMOS 器件辐照前输出

电流 I_{ds} 为 2.34mA，辐照后输出电流 I_{ds} 为 2.31 mA，应变 Si 纳米 NMOS 器件辐照前后相比，器件驱动能力性能下降了 0.9%，说明辐照对应变 Si 纳米 NMOS 器件的 $I-V$ 特性影响很小。

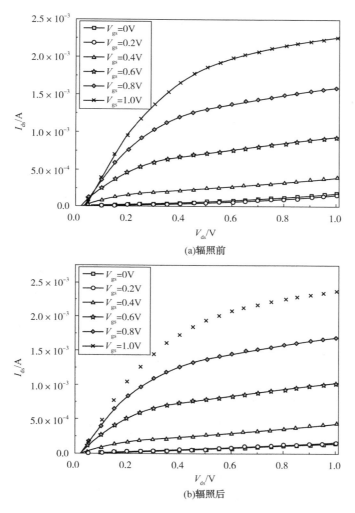

图 5-5　应变 Si 纳米 NMOS 器件 $I-V$ 输出特性曲线

　　图 5-6(a) 和 (b) 分别为弛豫 Si 纳米 PMOS 器件辐照前后的 $I-V$ 输出特性曲线，从图中可知：当 $V_{ds}=-1$ 及 $V_{gs}=-1V$ 时，弛豫 Si 纳米 PMOS 器件辐照前输出电流 I_{ds} 为 -1.78mA，辐照后输出电流 I_{ds} 为 -1.73 mA，弛豫 Si 纳米 PMOS 器件辐照前后相比，器件驱动能力性能下降了 2.7%，说明辐照对弛豫 Si 纳米 PMOS 器件的 $I-V$ 特性影响很小，主要是由于栅氧化层厚度很薄，以至于总剂量效应在

MOS 器件栅介质中引起的氧化层陷阱正电荷及界面态电荷很少，故引起的器件电学特性退化很小。

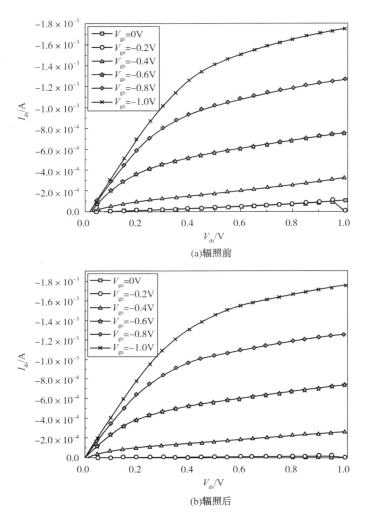

图 5-6　弛豫 Si 纳米 PMOS 器件 I–V 输出特性曲线

　　图 5-7(a) 和 (b) 为应变 Si 纳米 PMOS 器件辐照前后的 I–V 特性曲线，从图中可知：当 $V_{ds}=-1$ 及 $V_{gs}=-1V$ 时，应变 Si 纳米 PMOS 器件辐照前输出电流 I_{ds} 为 $-2.49mA$，辐照后输出电流为 I_{ds} 为 $-2.47mA$，应变 Si 纳米 PMOS 器件辐照前后相比，器件驱动能力性能下降了 0.9%，说明辐照对应变 Si 纳米 PMOS 器件的 I–V 特性影响非常小。

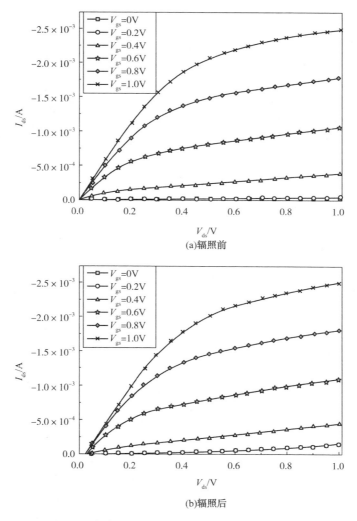

图5-7 应变Si纳米PMOS器件I-V输出特性曲线

从图5-4~图5-7可以看出应变Si纳米MOS器件辐照前后动电流变化很小，说明应变Si纳米MOS器件抗辐照性能较为优越。

图5-8为应变Si纳米NMOS器件辐照前后I-V转移特性及跨导的变化趋势，根据式（5-1）并结合图5-8（a）利用外推法计算辐照前后的阈值电压分别是0.2305V和0.2182V，则漂移量为5.43%。由图5-8（b）可看出辐照前后的跨导分别是0.97mA/V和0.93mA/V，其值下降了4%。

$$I_d = \frac{Z}{L}\mu_n C_{ox}(V_g - V_T - \frac{V_D}{2})V_D \qquad (5-1)$$

图 5-9 为应变 Si 纳米 PMOS 器件辐照前后 *I-V* 转移特性曲线以及跨导，根据式(5-1)并结合图 5-9(a)利用外推法计算辐照前后的阈值电压分别是-0.336V 和-0.322V，则漂移量为 4.2%。由图 5-9(b)可看出辐照前后的跨导分别是 1.21mA/V 和 1.16mA/V，其值下降了 4%。

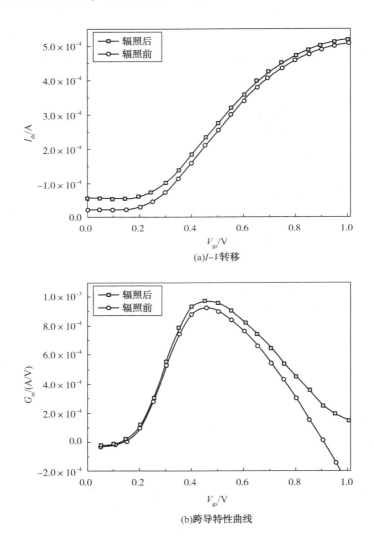

(a)*I-V*转移

(b)跨导特性曲线

图 5-8　辐照前后应变 Si 纳米 NMOS 器件

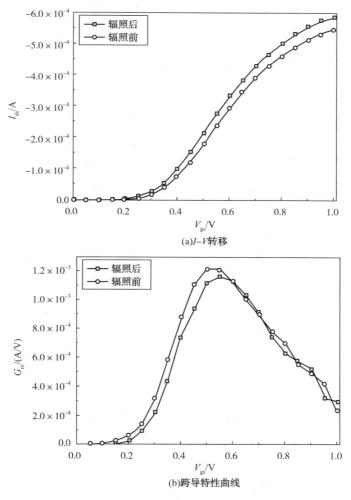

(a)I−V转移

(b)跨导特性曲线

图 5-9　辐照前后应变 Si 纳米 PMOS 器件

5.2　γ射线总剂量辐照 MOS 器件损伤机制

　　γ 射线照射对单轴应变 Si 纳米 NMOS 器件的影响在氧化层中激发产生电子–空穴对。由于电场的存在，电子很快迁移出氧化层被栅极吸收，而空穴缓慢向衬底移动，其中一部分空穴被氧化层陷阱捕获形成氧化层陷阱电荷，另一部分空穴与陷阱作用产生质子，质子输运至界面与界面处的 Si—H 键相互作用形成 H$_2$同时留下一个三键的 Si 缺陷，从而在界面处形成界面态电荷，图 5-10 给出了辐照过程中电子和空穴的输运示意图，从而两种性质的电荷共同作用影响阈值电压的漂移。两种电荷作用过程可表示为：

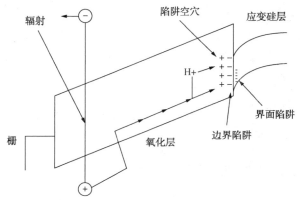

图 5-10 γ 射线辐照产生的电子和空穴在栅介质中的输运示意图

$$\frac{\partial P}{\partial t} = k_g f_y D' - \frac{\partial f_p}{\partial x} \qquad (5-2)$$

$$\frac{\partial P_t}{\partial t} = (N_t - P_t)\sigma_{pt} f_p - \frac{P_t}{\tau_t} \qquad (5-3)$$

$$\frac{\partial H^+}{\partial t} = N_{DH}\sigma_{DH} f_p - \frac{\partial f_{H^+}}{\partial x} \qquad (5-4)$$

$$\frac{\partial H^+}{\partial t} = N_{DH}\sigma_{DH} f_p - \frac{\partial f_{H^+}}{\partial x} \qquad (5-5)$$

式中，f_y 为总剂量辐照产生的电子-空穴对在电场作用下初始逃脱的复合概率，其经验表达式被写为：

$$f_y(E) = [0.27/(E + 0.084) + 1]^{-1} \qquad (5-6)$$

式中，p 和 t 分别被表示为栅介质中的空穴浓度和辐照的时间，f_p 为空穴通量，N_t 和 p_t 分别表示为栅介质层内的空穴陷阱浓度和被空穴陷阱所俘获的浓度，σ_{pt} 和 τ_t 分别是空穴的俘获截面和空穴陷阱的退火时间。[H^+] 为栅介质中的质子浓度，N_{DH} 和 σ_{DH} 分别为在栅介质层内含氢的缺陷浓度以及含氢缺陷对空穴的俘获截面，f_{H^+} 为栅介质层的质子通量。N_{it} 和 N_{SiH} 分别是栅介质/半导体界面处陷阱电荷密度和被氢钝化的 Si 悬挂键密度，τ_{it} 是界面陷阱电荷的退火时间。

由 (5-2) 式，随着时间无限的延长，则可知 NMOS 器件栅介质中产生的空穴浓度值将会达到饱和。

$$\frac{\partial P}{\partial t} = k_g f_y D' - \frac{\partial f_p}{\partial \chi} = 0(t \to \infty) \qquad (5-7)$$

$$f_p = k_g f_y D'\chi + c \qquad (5-8)$$

式中，c 为常数。

由于栅极电场的存在，则辐照效应引起的电子和空穴会被分离，空穴向衬底方向运动，其运动缓慢且会被栅介质中的空穴陷阱捕获而形成氧化层陷阱正电荷。因此，可知栅极表面不存在空穴，即空穴密度为零。

$$f_p = k_g f_y D'\chi + c = 0 (\chi = 0) \quad (5-9)$$

$$f_p = k_g f_y D'\chi \quad (5-10)$$

联立式(5-2)、式(5-3)以及(5-10)，解得

$$P_t = N_t (1 - e^{-\sigma_{pt} k_g f_y t_{ox} D't}) \quad (5-11)$$

$$f_p = k_g f_y D'\chi \quad (5-12)$$

忽略空穴与陷阱作用产生的质子对栅介质中正电荷的影响，则在总剂量辐照条件下产生正电荷的浓度为：

$$N_{ot} = \frac{1}{t_{ox}} \int_0^{t_{ox}} P_t \chi \mathrm{d}\chi$$

$$= N_t \left[\frac{1}{2} t_{ox} + \frac{e^{-\sigma_{pt} k_g f_y t_{ox} D't}}{-\sigma_{pt} k_g f_y t_{ox} D't} + \frac{e^{-\sigma_{pt} k_g f_y t_{ox} D't} - 1}{(-\sigma_{pt} k_g f_y t_{ox} D't)^2 t_{ox}} \right] \quad (5-13)$$

对于式(5-4)，随着时间的延长，若达到无限长时，由于空穴在输运过程中与陷阱电荷相互作用在 NMOS 器件栅介质中产生的质子浓度达到饱和。

$$\frac{\partial H^+}{\partial t} = N_{DH} \sigma_{DH} f_p - \frac{\partial f_{H^+}}{\partial \chi} = 0 (t \to \infty) \quad (5-14)$$

$$f_{H^+} = N_{DH} \sigma_{DH} f_p \chi + d \quad (5-15)$$

式中，d 为常数。

空穴在栅极正电场的作用下向衬底方向运动，则栅介质表面不存在空穴，因此由于空穴在输运过程中与陷阱电荷相互作用中产生的质子通量为零。

$$f_{H^+} = N_{DH} \sigma_{DH} f_p \chi + d (\chi = 0) \quad (5-16)$$

$$f_{H^+} = N_{DH} \sigma_{DH} f_p \chi \quad (5-17)$$

联立式(5-4)、式(5-5)及式(5-17)，同时假定栅介质边界处的质子通量为零，解得

$$N_{it} = N_{si-H} (1 - e^{-\sigma_{DH} \sigma_{it} N_{DH} k_g f_y t_{ox}^2 D't}) \quad (5-18)$$

式中，总剂量 $D = D't$。

另一方面辐照射线会直接作用在单轴应变 Si 纳米 NMOS 器件的 SiN 薄膜上。Bordallo C. C. M 等人通过实验的方法得到单轴应变 Si 器件不易受辐照的影响，可能是因为 SiN 薄膜帽层对器件具有保护作用。Hiroshi KAMIMURA 等人通过实验的方法得出在辐照的条件下，由于 SiN 薄膜对器件的加固作用器件的电学特性退化减弱的结论。

5.2.1　总剂量辐照阈值电压模型

采用器件结构如图 5-11 所示，其中沟道张应力通过淀积 SiN 应力膜引入。

图 5–12 为辐照下单轴应变 Si 纳米 NMOS 器件产生的氧化层电荷及界面态电荷剖面图。

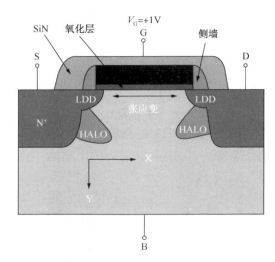

图 5–11　单轴应变 Si 纳米 NMOS 器件剖面图

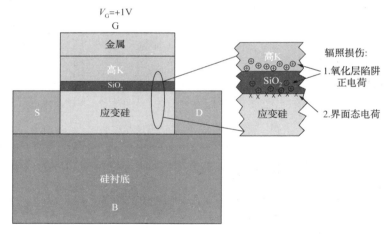

图 5–12　总剂量辐照下产生的氧化层陷阱正电荷及界面态电荷剖面图

　　阈值表面势作为求解阈值电压过程中重要的参量，而由于应力的存在以及量子化效应的影响导致了沟道表面电势以及阈值表面势的变化，则此时的经典阈值条件已不再适用，必须对其进行量子化修正。弛豫 Si 的阈值表面势表达式为：

$$\psi_{th,\,si} = 2\phi_B + \xi V_t + E_{g,\,dop} \tag{5-19}$$

　　式中，通过自洽解数值拟合获得拟合参数 ξ：

$$\xi = a \times \left(\frac{N_A}{10^{17}}\right)^b \qquad (5-20)$$

由于量子化效应影响，需要修正应变 Si NMOS 器件反型电荷密度和表面势的关系：

$$Q_{\text{inv, ssi}} = \left(\frac{2qK_B T m_{d,0}}{\pi \hbar^2 N_A}\right)\left(\frac{n_{i,\text{ ssi}}^2}{N_{C,\text{ ssi}}}\right) \exp\left(\frac{E_{0,\text{ ssi}}}{K_B T}\right) \exp\left(\frac{q\psi_{s,\text{ ssi}}}{K_B T}\right) \qquad (5-21)$$

式中，$m_{d,0} = (m_{t1} m_{t2})^{1/2}$ 是 ΔZ 子带的二维态密度有效质量，m_{t1} 和 m_{t2} 分别是在 ΔZ 能谷中应力平行面和垂直面的质量。同时，由于应力的作用，基态能量变化量 $E_{0,ssi}$ 需要进行修正为如下表达式：

$$\Delta E_{0,\text{ ssi}} = \Delta E_{C,\Delta Z} + \left[(E_{s,\text{ ssi}})^{2/3} - (E_{s,\text{ si}})^{2/3}\right]\left(\frac{9\pi q\hbar}{8\sqrt{2m_l}}\right)^{2/3} \qquad (5-22)$$

式中，$E_{s,si}$ 和 $E_{s,ssi}$ 分别表示在垂直沟道表面方向上有无应力时的有效电场强度。在阈值点时，其值分别表示如下：

$$E_{s,\text{ si}} = \left(\frac{2qN_A\psi_{th,\text{ si}}}{\varepsilon_{\text{si}}}\right)^{1/2} \qquad (5-23)$$

$$E_{s,\text{ ssi}} = \left(\frac{2qN_A\psi_{th,\text{ ssi}}}{\varepsilon_{\text{si}}}\right)^{1/2} \qquad (5-24)$$

阈值点处的反型电荷条件表示为：

$$Q_{\text{inv, si}}(\psi_{th,\text{ si}}) = Q_{\text{inv, ssi}}(\psi_{th,\text{ si}} + \Delta\psi_{s,\text{ ssi}}) \qquad (5-25)$$

因此，可以获得应力影响下表面势变化量的表达式为：

$$\Delta\psi_{s,\text{ ssi}} = \left(\frac{\Delta E_{0,\text{ ssi}} + \Delta E_{g,\text{ ssi}}}{q}\right) + V_t \ln\left(\frac{N_{V,\text{ si}}}{N_{V,\text{ ssi}}}\right) + \frac{1}{2}V_t \ln\left[\frac{m_{t,\parallel}}{m_{t,\parallel}(\varepsilon)}\frac{m_{t,\perp}}{m_{t,\perp}(\varepsilon)}\right]$$
$$(5-26)$$

$$m_{t,\parallel} = (0.196 - 0.016T)m_0 \qquad (5-27)$$

$$m_{t,\perp} = (0.196 - 0.029T)m_0 \qquad (5-28)$$

$$m_{t,\parallel}(\varepsilon) = \left[\frac{1}{m_t} - \left(\frac{2\Xi'\varepsilon_{12}}{\Delta}\right)\frac{1}{M}\right]^{-1} \qquad (5-29)$$

$$m_{t,\perp}(\varepsilon) = \left[\frac{1}{m_t} + \left(\frac{2\Xi'\varepsilon_{12}}{\Delta}\right)\frac{1}{M}\right]^{-1} \qquad (5-30)$$

(001)晶面上沿[110]方向在单轴应力的作用下应变张量的矩阵表达式为：

$$\begin{pmatrix} (S_{11} + S_{12})\sigma/2 & S_{44}\sigma/4 & 0 \\ S_{44}\sigma/4 & (S_{11} + S_{12})\sigma/2 & 0 \\ 0 & 0 & S_{12}\sigma \end{pmatrix} \qquad (5-31)$$

式中，$\sigma > 0$ 对应的是[110]方向上的张应力。由于极小值发生了移动引起了能量的改变，其对应的表达式表示为：

$$
\begin{bmatrix} \Delta E_{C,\,\Delta X} \\ \Delta E_{C,\,\Delta Y} \\ \Delta E_{C,\,\Delta Z} \end{bmatrix} = \Xi_d (\varepsilon_{11} + \varepsilon_{22} + \varepsilon_{33}) I + \Xi_u \begin{bmatrix} \varepsilon_{11} \\ \varepsilon_{22} \\ \varepsilon_{33} \end{bmatrix} - \frac{\eta}{4\kappa^2} \begin{bmatrix} \varepsilon_{23}^2 \\ \varepsilon_{13}^2 \\ \varepsilon_{12}^2 \end{bmatrix} \tag{5-32}
$$

式中，$I = [1, 1, 1]^T$ 是单位矢量。并且由上式表达式可以看出，原来 6 度简并的能谷在单轴张应力的作用下分裂成 2 度简并的 Δz 能谷以及 4 度简并的 Δx、Δy 能谷，结果是 Δz 能谷下降，而 Δx、Δy 能谷上升。

联立式（5-22）、式（5-23）、式（5-24）及式（5-26），可得一维阈值表面势的一元三次方程：

$$
\psi_{th,\,ssi} + A (\psi_{th,\,ssi})^{1/3} + B = 0 \tag{5-33}
$$

其解为：

$$
\psi_{th,\,ssi} = (\alpha + \beta)^3 \tag{5-34}
$$

$$
\alpha = \left[-(B/2) + \sqrt{(A/3)^3 + (B/2)^2} \right]^{1/3} \tag{5-35}
$$

$$
\beta = \left[-(B/2) - \sqrt{(A/3)^3 + (B/2)^2} \right]^{1/3} \tag{5-36}
$$

$$
A = -\frac{1}{q} \left(\frac{9\pi q \hbar}{8\sqrt{2m_l}} \right)^{2/3} \left(\frac{2qN_A}{\varepsilon_{si}} \right)^{1/3} \tag{5-37}
$$

$$
B = -A (\psi_{th,\,si})^{1/3} - \psi_{th,\,si} - V_t \ln \left(\frac{N_{V,\,si}}{N_{V,\,ssi}} \right) \tag{5-38}
$$

$$
-\frac{1}{2} V_t \ln \left[\frac{m_{t,\,\parallel}}{m_{t,\,\parallel}(\varepsilon)} \frac{m_{t,\,\perp}}{m_{t,\,\perp}(\varepsilon)} \right] - \left(\frac{\Delta E_{C,\,\Delta Z} + \Delta E_{g,\,\Delta Z}}{q} \right) \tag{5-39}
$$

由于源/漏耗尽区的重叠导致电荷共享和源/漏对衬底的内建势垒降低幅度更大，考虑到这些短沟道效应，因此需要对相关参数进行修正，即有效掺杂浓度和最大耗尽宽度。在栅压下有效沟道掺杂浓度定义为：

$$
N_{A,\,eff} = N_A \left[1 - \left(\sqrt{1 + \frac{2W_{dv}}{R_j}} - 1 \right) \frac{R_j}{L} \right] \tag{5-40}
$$

式中，R_j 和 L 分别表示源/漏结深及沟道长度且

$$
W_{dv} = \sqrt{\frac{2\varepsilon_{si}\psi_{th,\,ssi}}{qN_A}} \tag{5-41}
$$

为了计算阈值点处的平均耗尽宽度，Suzuki 又提出了一个沟道耗尽宽度参数：

$$
\kappa = \frac{1}{1 - 2\exp\left(-\frac{L}{\lambda}\right)} \tag{5-42}
$$

该拟合参数可以将平均耗尽宽度 W_{dv} 和最大耗尽宽度 W_d 联系起来，即

$$W_d = \kappa W_{dv} \tag{5-43}$$

$$\lambda = 0.65(W_S + W_D) \tag{5-44}$$

源/漏区域耗尽宽度 W_S 和 W_D 的表达式分别如下：

$$W_S = \sqrt{\frac{2\varepsilon_{si}}{q} \frac{N_D}{N_A}\left(\frac{\psi_{bi,\,si}}{N_D + N_A}\right)} \tag{5-45}$$

$$W_D = \sqrt{\frac{2\varepsilon_{si}}{q} \frac{N_D}{N_A}\left(\frac{\psi_{bi,\,si} + V_{DS}}{N_D + N_A}\right)} \tag{5-46}$$

源/漏-衬底内建电势表示如下：

$$\psi_{bi,\,si} = V_t \ln[N_A N_D / (n_{i,\,si})^2] \tag{5-47}$$

在 MOS 器件中因总剂量辐照效应在栅氧化层中产生陷阱正电荷以及在栅介质与沟道的界面处产生界面态电荷，由于这两种电荷会对平带电压产生一定的影响，因此，考虑辐照影响后的平带电压表达式为：

$$V_{FB,\,ssi} = \left(\frac{\phi_M - \phi_{ssi}}{q}\right) - \frac{(Q_{ox} + qN_{ot} - qN_{it})}{C_{ox}} \tag{5-48}$$

衬底功函数在应变作用下需要修正：

$$\phi_{ssi} = \chi_{ssi} + E_{g,\,ssi}/2 + \phi_{fp,\,ssi} \tag{5-49}$$

其中，

$$\chi_{ssi} = \chi_{si} + 0.57\sigma/7.55 \tag{5-50}$$

$$E_{gssi} = 1.12 - 0.0336\sigma \tag{5-51}$$

由于量子化效应的影响，有效栅介质厚度大于其物理厚度是由于反型层电荷密度峰值出现在栅介质与应变 Si 界面以下 Δz 处。因此，需要对平带电压和栅极氧化层厚度进行修正：

$$V_{FB,\,ssi} \to V_{FB,\,ssi} + qN_A\Delta z\left(\frac{\Delta z}{2\varepsilon_{si}} + \frac{t_{ox}}{\varepsilon_{ox}}\right) \tag{5-52}$$

$$t_{ox} \to t_{ox} + \frac{\varepsilon_{ox}}{\varepsilon_{si}}\Delta z \tag{5-53}$$

沟道内的二维电势分布 $\psi(x,\,y)$ 可通过二维泊松方程求解得到。假设可以忽略沟道中产生的电荷对开始强反型的影响，则二维的泊松方程被写为：

$$\frac{\partial^2\psi(x,\,y)}{\partial x^2} + \frac{\partial^2\psi(x,\,y)}{\partial y^2} = \frac{qN_{A,\,eff}}{\varepsilon_0\varepsilon_{si}} \tag{5-54}$$

在垂直方向的电势一般可以认为是一个三次多项式，即

$$\psi(x,\,y) = \psi_S(x) + C_1(x)y + C_2(x)y^2 + C_3(x)y^3 \tag{5-55}$$

式中，$\psi_s(x)$ 是沟道表面势。求解泊松方程，边界条件如下：

（1）在氧化层/应变 Si 界面（$y=0$ 处）电位移矢量是连续的：

$$\left[\frac{\partial\psi(x,\,y)}{\partial y}\right]_{y=0} = -\left(\frac{\varepsilon_0}{\varepsilon_{si}}\right)\left(\frac{V_{GS} - V_{FB} - \psi_S(x)}{t_{ox}}\right) \tag{5-56}$$

（2）在耗尽区边界处（$y = W_d$）电场和电势均为0：

$$\psi(x, W_d) = 0 \tag{5-57}$$

$$\left[\frac{\partial \psi(x, y)}{\partial y}\right]_{y = W_d} = 0 \tag{5-58}$$

代入上述边界条件求得任意常量 $C_1(x)$、$C_2(x)$、$C_3(x)$，将其代入式（5-54）可得：

$$\psi(x, y) = \psi_s(x) - \left[\frac{V_G - \psi_S(x)}{\gamma t_{ox}}\right] y$$

$$+ \left[\frac{3\gamma t_{ox} + 2W_d}{\gamma t_{ox} W_d^2}(V_G - \psi_S(x)) - \frac{3}{W_d^2}V_G\right] y^2$$

$$- \left[\frac{2\gamma t_{ox} + W_d}{\gamma t_{ox} W_d^3}(V_G - \psi_S(x)) - \frac{2}{W_d^2}V_G\right] \tag{5-59}$$

式中，$\gamma = \varepsilon_{si}/\varepsilon_{ox}$，$V_G = V_{GS} - V_{FB, ssi}$ 为有效栅偏压。利用边界条件 $\psi_s(0) = \psi_{bi, ssi}$，$\psi_{bi, ssi} = V_t \ln[N_A N_D/(n_{i, ssi})^2]$，$\psi_S(L) = \psi_{bi, ssi} + V_{DS}$，将式（5-59）代入式（5-54），同时设定 $y = 0$，可得表面势 $\psi_s(x)$：

$$\psi_s(x) = V_G - \left(\frac{qN_{A, eff}}{\varepsilon_{si}} + \frac{6}{W_d^2}V_G\right) \times l^2 + \zeta(x) \tag{5-60}$$

式中，l 为特征长度：

$$l = \left[\frac{\gamma t_{ox} W_d^2}{2(3\gamma t_{ox} + 2W_d)}\right]^{1/2} \tag{5-61}$$

且

$$\zeta(x) = \frac{\zeta_1 \sinh\left(\frac{L - x}{l}\right) + \zeta_2 \sinh\left(\frac{L}{l}\right)}{\sinh\left(\frac{L}{l}\right)} \tag{5-62}$$

$$\zeta_1 = \psi_{bi, ssi} - V_G + \left(\frac{qN_{A, eff}}{\varepsilon_{si}} + \frac{6}{W_d^2}V_G\right) \times l^2 \tag{5-63}$$

$$\zeta_2 = \psi_{bi, ssi} + V_{DS} - V_G + \left(\frac{qN_{A, eff}}{\varepsilon_{si}} + \frac{6}{W_d^2}V_G\right) \times l^2 \tag{5-64}$$

表面势在沟道中呈现出对称分布趋势，则其最小值在沟道正中。因此，令式（5-60）中的 $x = L/2$，则可以得到 $\psi_{s, min}$：

$$\psi_{s, min} \approx V_G - \left(\frac{qN_{A, eff}}{\varepsilon_{si}} + \frac{6}{W_d^2}V_G\right) \times l^2 + (\zeta_1 + \zeta_2) \frac{\sinh\left(\frac{L}{2l}\right)}{\sinh\left(\frac{L}{l}\right)} \tag{5-65}$$

当 $\psi_{s, min}$ 达到式（5-34）中的一维表面势 $\psi_{th, ssi}$ 时，器件开启。

此外，还考虑一些二级效应的影响，禁带变窄效应和短沟道效应。经修正后，利用式(5-34)及式(5-65)，考虑了量子化效应以及总剂量辐照效应之后，可得到高精度的单轴应变 Si 纳米 NMOS 器件阈值电压：

$$V_{th,\,ssi} = V_{FB,\,ssi} - V_{DIBL}$$

$$+ \frac{\psi_{th,\,ssi} + \left[1 - 2\dfrac{\sinh\left(\dfrac{L}{2l}\right)}{\sinh\left(\dfrac{L}{l}\right)}\right]\dfrac{qN_{A,\,eff}}{\varepsilon_{si}}l^2 - \dfrac{\sinh\left(\dfrac{L}{2l}\right)}{\sinh\left(\dfrac{L}{l}\right)}(2\psi_{bi,\,ssi} + V_{DS})}{\left[1 - 2\dfrac{\sinh\left(\dfrac{L}{2l}\right)}{\sinh\left(\dfrac{L}{l}\right)}\right]\left[1 - \dfrac{6}{W_d^2}l^2\right]}$$

$$(5 - 66)$$

5.2.2　总剂量辐照沟道电流模型

由于纳米级 MOS 器件沟道中载流子运动的平均自由程与沟道长度基本属于同一数量级，因此载流子不会经过散射作用就从源极到达漏极而形成了载流子的速度过冲效应，导致沟道中电流的增大不能被忽视。可得沟道电流的表达式：

$$I_{ds} = Wt_{ssi}J = Wt_{ssi}\left[qu_{n,\,ssi}n(x)E(x) + qu_{n,\,ssi}n(x)\delta(E)\frac{\mathrm{d}E(x)}{\mathrm{d}x}\right] \quad (5\text{-}67)$$

式中，$\delta(E) \approx \dfrac{2}{3}\nu_{sat}\tau_w$ 表示的是能量的弛豫长度，ν_{sat} 和 τ_w 分别为饱和速度和能量弛豫的时间。沟道表面量子阱中的电子浓度为：

$$n(x) = C_{ox}\left[V_{gs} - V_{th,\,ssi} - V(x)\right]/qt_{ssi} \quad (5\text{-}68)$$

式中，$V(x)$ 表示沿着沟道方向的电压降，对于高场下的载流子浓度为：

$$u_{ssi} = u_{0,\,ssi}\left[1 + \frac{u_{0,\,ssi}}{2v_{sat}}E(x)\right]^{-1} \quad (5\text{-}69)$$

式中，$u_{0,\,ssi}$ 为低场下电子的迁移率。当速度过冲效应发生时，$\dfrac{\mathrm{d}E(x)}{\mathrm{d}x} = \theta\dfrac{V_{ds}}{L^2}$，$\theta$ 取值与工艺相关，约为 0.2。

研究发现，总剂量辐照对 NMOS 器件迁移率的影响主要是由辐照在界面处产生的界面态电荷对沟道中的载流子的散射作用，由于在栅介质中产生的氧化层陷阱对载流子的影响比较小则可以忽略不计。总剂量辐照效应下 MOS 器件的迁移率退化表达式为：

$$\frac{\mu}{\mu_0} = \frac{1}{1 + \alpha_{it} N_{it}} = 1/\left[1 + \alpha_{it} N_{\mathrm{Si-H}} \times \left(1 - e^{-\frac{1}{2}\sigma_{DH}\sigma_{it} N_{DH}\kappa_g f_y t_{ox}^2 D't}\right)\right] \quad (5-70)$$

通过对式(5-67)进行整理积分得到考虑速度过冲效应以及总剂量效应的非饱和区以及饱和区的沟道电流方程分别为:

$$I_{ds} = \frac{W u_{n,\,ssi} c_{ox}}{L\left(1 + \frac{\mu_{n,\,ssi} V_{ds}}{2 v_{sat}}\right)} \times \left\{\left[\left(V_{gs} - V_{th,\,ssi}\right) V_{ds} - \frac{V_{ds}^2}{2}\right] \times \left[1 + \frac{\theta\delta(E)}{L}\right] + \frac{\theta^2\delta(E)}{12L} V_{ds}^2\right\}$$

$$(5-71)$$

$$I_{ds} = \frac{W u_{n,\,ssi} c_{ox}}{L\left[1 + \frac{\mu_{n,\,ssi}\left(V_{gs} - V_{th,\,ssi}\right)}{2 v_{sat}}\right]}$$
$$\times \left\{\frac{1}{2}\left(V_{gs} - V_{th,\,ssi}\right)^2 \left[1 + \frac{\theta\delta(E)}{L}\right] + \frac{\theta^2\delta(E)}{12L}\left(V_{gs} - V_{th,\,ssi}\right)^2\right\} \quad (5-72)$$

对式(5-71)中的栅极电压进行求导从而得到非饱和区的跨导为:

$$g_m = \frac{\partial I_{ds}}{\partial V_{gs}} = \frac{W\mu c_{ox}}{L\left(1 + \frac{\mu_n V_{ds}}{2 v_{sat}}\right)} \times V_{ds} \quad (5-73)$$

5.2.3 模型结果讨论与验证

总剂量辐照条件下,沟道应力 $T = 1\mathrm{GPa}$,沟道长度 $L = 50\mathrm{nm}$,结深 $R_j = 25\mathrm{nm}$ 及等效氧化层厚度 $EOT = 1\mathrm{nm}$ 的单轴应变 Si 纳米 NMOS 器件沟道中电子迁移率、电流电压输出特性的变化趋势如图 5-13 和图 5-14 所示。由图 5-13 可明显看出,辐照前后沟道中的电子迁移率略微有所下降,这是由于总剂量辐照效应在栅氧化层与沟道界面处产生的界面态电荷对沟道中载流子的散射作用增强,降低了沟道中电子的迁移率,因此,图 5-14 中显示,沟道中的电流随着辐照剂量的增加而减小。此外,还发现模型计算结果与实验结果基本一致,从而验证了模型的可行性。从图 5-14 还可看出,当辐照总剂量小于 100krad 时,漏电流随着辐照剂量的增大而减小;当辐照剂量大于 100krad 时,漏电流未随辐照剂量的增大而增大,这是由于当辐照剂量较大时,在薄的氧化层中产生的空穴陷阱电荷趋于饱和,其更多的总剂量辐照能量作用于衬底中。

图 5-15 和图 5-16 显示了在总剂量辐照条件下,单轴应变 Si 纳米 NMOS 器件沟道长度 $L = 50\mathrm{nm}$ 的亚阈特性和关态漏电流变化趋势。由图 5-15 和 5-16 可知,随着辐照剂量的增大,亚阈特性越差,关态漏电流越大。辐照前后亚阈泄漏电流从 $10^{-12}\mathrm{A}$ 到 $10^{-7}\mathrm{A}$ 数量级,增大了近 5 个数量级,这将可能导致器件功能的失效。这可以解释为:辐照剂量越大,栅介质中产生更多的电子-空穴对,在栅

压的作用下空穴向衬底方向移动的过程中，被氧化层中的空穴陷阱所捕获形成氧化层陷阱正电荷，引起阈值电压负向漂移，同时还有一部分逃逸电子被栅极收集，因此导致器件的栅泄漏电流严重。

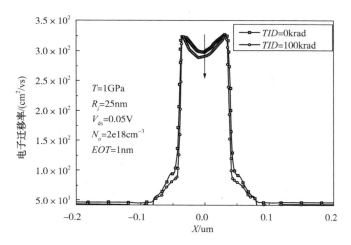

图 5-13　辐照前后沟道中电子迁移率的变化

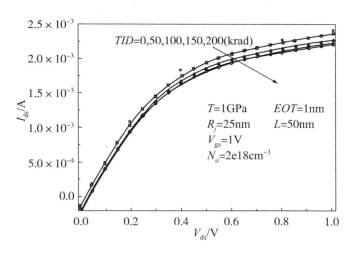

图 5-14　总剂量辐照下输出特性曲线

T—应力；R_j—结深；L—栅长；V_{gs}—栅电压；Na—掺杂浓度；EOT—等效栅介质厚度

图 5-17 和图 5-18 为总剂量辐照前后单轴应变 Si 纳米 NMOS 器件的 C-V 曲线及总剂量辐照诱导的氧化层陷阱电荷浓度和界面态电荷浓度。由图 5-17 可以看出随着总剂量辐照剂量的增大，C-V 曲线向左移动，进而可以推断平带电压也随辐照总剂量的增大而左移。氧化层陷阱电荷和界面态电荷可以通过中带电压法获得，分别是：

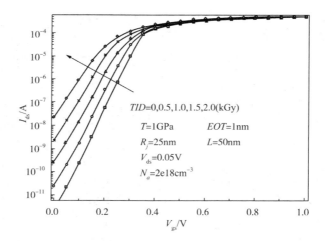

图 5-15 总剂量辐照下单轴应变 Si 纳米 NMOS 器件的亚阈特性

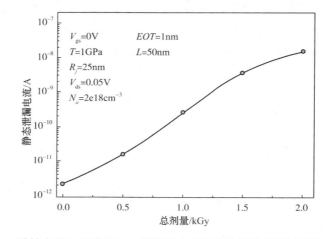

图 5-16 单轴应变 Si 纳米 NMOS 器件关态泄漏电流随总剂量辐照的变化趋势

$$\Delta N_{ot} = -\frac{\varepsilon_{ox}\varepsilon_0}{qt_{ox}}\Delta V_{mg} \qquad (5-74)$$

$$\Delta N_{it} = -\frac{\varepsilon_{ox}\varepsilon_0}{qt_{ox}}(\Delta V_{th} - \Delta V_{mg}) \qquad (5-75)$$

图 5-19 和图 5-20 是辐照总剂量下，跨导以及归一化载流子迁移率的退化趋势。由图 5-19 可看出，随着辐照总剂量的增大，跨导也随之减小，说明器件的驱动能力减弱。由图 5-20 可看出，随着辐照总剂量的增大，归一化载流子也随着减小，该结果趋势与图 5-19 结果具有一致性。这可以解释为：辐照诱导界面态电荷增多，沟道中的载流子遭受其散射作用加强，迁移率降低导致跨导减小，从而使得器件的驱动能力减弱。此外，图 5-18 中辐照总剂量从 0 到 2kGy，归一

化载流子迁移率的实验结果分别为 0.998、0.985、0.981、0.978、0.977，其均值为 0.983，数值计算结果分别为 0.999、0.986、0.980、0.979、0.976，其均值为 0.984，模型计算结果与实验结果相差 0.001，从而验证了模型的正确性。

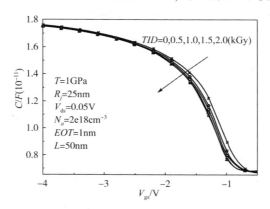

图 5-17　总剂量辐照前后的 C-V 曲线

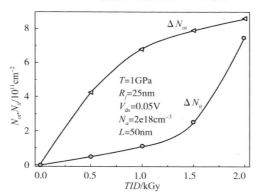

图 5-18　总剂量辐照诱导产生的氧化层陷阱电荷以及界面态电荷

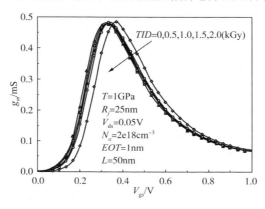

图 5-19　总剂量辐照下跨导的退化趋势

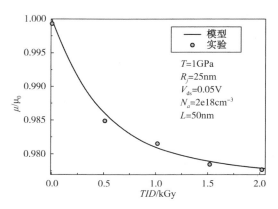

图 5-20 总剂量辐照下归一化载流子迁移率的退化趋势

采用 Matlab 对总剂量辐照单轴应变 Si 纳米 NMOS 器件阈值电压模型进行了数值模拟仿真,并进行了模型计算结果与实验测试结果的对比。在进行数值模拟计算过程中用到的部分参数见表 5-1。

表 5-1 仿真采用的部分参数

参数	数值	参数	数值	参数	数值
EOT/nm	1	$k_g/cm^{-3}\cdot Gy^-$	8.1×10^{18}	N_t/cm^2	8.0×10^{15}
R_j/nm	25	N/cm^{-3}	2.0×10^{18}	ε_{si}	11.9
L/nm	50	$W/\mu m$	3	σ_{DH}/cm^2	2.0×10^{-11}
Q_{ox}/cm^2	0.4×10^{12}	N_{Si-H}/cm^2	4.8×10^{12}	N_{sub}/cm^{-3}	5.0×10^{18}

图 5-21 是不同源/漏结深下,阈值电压随辐照总剂量的变化趋势。随着辐照总剂量的增大阈值电压起初减小迅速,之后缓慢减小。这可以解释为:由于薄的栅介质中空穴陷阱密度一定,当辐照总剂量大于一定值时,其更多的辐照能量主要作用于衬底,在栅介质中产生的陷阱正电荷和界面态电荷趋于饱和,从而对平带电压的影响较小,最终导致阈值电压漂移变小。随着源/漏结深的增大阈值电压是减小的,由于沟道中的有效掺杂浓度随着结深的增大而减小,以至于器件开启容易以及阈值电压略微减小。此外,在整个总剂量辐照过程,随着源/漏结深的改变,阈值电压的漂移量基本一致。阈值电压模型的计算结果由 0.2323 降至 0.2185,则辐照前后阈值电压的漂移量为 5.6%,与总剂量辐照实验结果基本吻合,验证了模型的正确性。

图 5-22 是不同漏端偏置下,阈值电压随辐照总剂量的变化。随着漏端电压增大阈值电压呈现减小的趋势,这是由于随着漏端电压的增大,漏端耗尽区宽度随之增大,加剧了短沟道效应,从而降低了阈值电压。辐照总剂量从 0 到 2kGy,

阈值电压的实验结果分别为 0.233V、0.223V、0.218V、0.217V、0.216V，其均值为 0.221V，数值计算结果分别是 0.231V、0.222V、0.219V、0.218V、0.217V，其均值为 0.222V，误差约为 1%，其误差主要是由于实际的片子是封装后进行辐照实验，模型计算结果与实验结果基本吻合，从而验证了模型的正确性。

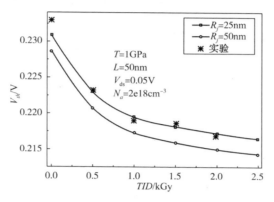

图 5-21　不同源/漏结深下阈值电压随辐照总剂量的变化

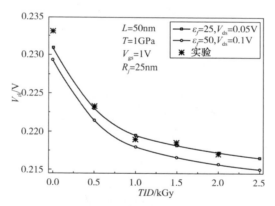

图 5-22　不同漏端电压下阈值电压随辐照总剂量的关系

图 5-23 是不同沟道掺杂浓度及应力，阈值电压随辐照总剂量的关系。随着沟道掺杂浓度的增大阈值电压随之增大，由于沟道掺杂浓度越大，器件出现反型的状态就越困难，引起阈值电压的增大。在相同应力以及沟道掺杂浓度下，随着辐照总剂量的增大阈值电压反而减小。同时，可知在总剂量辐照条件下，阈值电压的漂移量与沟道掺杂浓度变化不大。此外，沟道应力为 1GPa 时，辐照剂量为 0.5kGy 时，阈值电压的实验测试结果为 0.199，模型计算结果为 0.196，其误差为 1.5%，因此验证了模型的正确性。

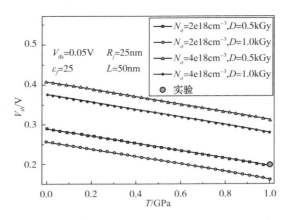

图 5-23　不同沟道掺杂浓度及应力，阈值电压随辐照总剂量的关系

　　图 5-24 是不同栅电压下的阈值电压随辐照总剂量的变化。由图 5-24 可知辐照剂量越大，阈值电压越小，这是由于总剂量越大，在栅介质中产生的电子-空穴对越多，被氧化层陷阱捕获的空穴就越多，导致阈值电压负向漂移趋势越大。当辐照总剂量一定时，栅电压越大引起阈值电压越小，这可以解释为：栅电压的增大引起栅介质中电场的增大，导致在栅介质中产生的电子-空穴对分离得越快，形成的氧化层陷阱正电荷就越多。由图 5-23 还可看出，当辐照剂量以及栅极电压达到最大值时，阈值电压达到最小值。

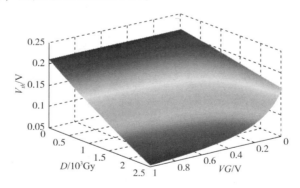

图 5-24　不同栅电压的阈值电压随辐照总剂量的变化关系

　　图 5-25 是不同栅电压下的阈值电压随辐照总剂量的变化。由图 5-25 可知随着沟道中应力的增大，阈值电压随之减小。应力的增大导致禁带宽度变窄，本征载流子提高，电子迁移率增大，引起阈值电压减小。当辐照剂量以及沟道应力达到最大值时，阈值电压达到最小值。

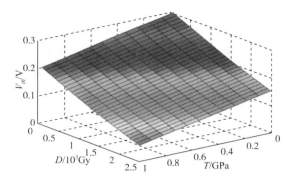

图 5-25 不同栅电压下的阈值电压随辐照总剂量的变化关系

5.3 总剂量 X 射线辐照实验

本课题组前期开展了 γ 射线总剂量辐照实验对所建模型进行了验证,结果显示辐照前后器件的电学特性几乎没有变化。后期课题组又开展了 X 射线总剂量辐照实验对所建模型进行再次验证。X 射线与 γ 射线对 MOS 器件的损伤机制相同,且对两种射线的总剂量进行了转换,所不同的是 X 射线进行 Si 片级的测试。

X 射线总剂量辐射实验是在新疆理化技术研究所固体辐射物理实验室的 ACOROR4100 型 10keV 的 X 射线源上进行,实验中采用最劣偏置(开态),选取合计的剂量率为 100Gy(Si)/min,总剂量测试点分别为 100krad(Si)、200krad(Si)、300krad(Si)、400krad(Si)、500krad(Si)、800krad(Si)、1Mrad(Si),达到设定剂量点对器件进行移位测试。以下是 X 射线总剂量辐照实验前后器件电学特性的测试结果。

图 5-26 及图 5-27 为应变 Si 纳米 NMOS 器件辐照前后的 $I-V$ 特性曲线。从图 5-26 中可知,当 $V_{gs} = 0.7V$,$V_{ds} = 0.5V$ 时,辐照前驱动电流为 5.314mA,辐照后($TID = 1mrad$)驱动电流为 5.245mA,其驱动电流下降了约为 1.3%,可知辐照前后应变 Si 纳米 NMOS 器件的驱动电流几乎没有变化,故再次验证了所建模型的正确性。图 5-28 为应变 Si 纳米 PMOS 器件辐照后的 $I-V$ 特性曲线。从图 5-28 中可知,当 $V_{gs} = -0.7V$,$V_{ds} = -0.5V$ 时,辐照前驱动电流为 -5.365mA,辐照后($TID = 1mrad$)驱动电流为 -5.285mA,其驱动电流下降了约为 1.5%,可知辐照前后应变 Si 纳米 PMOS 器件的驱动电流几乎没有变化。

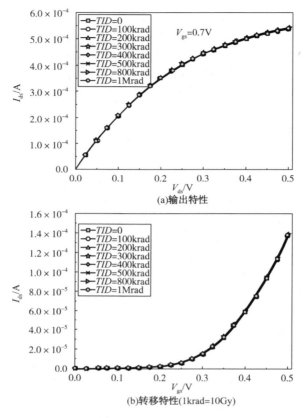

图 5-26　应变 Si 纳米 NMOS 器件辐照前后 I-V

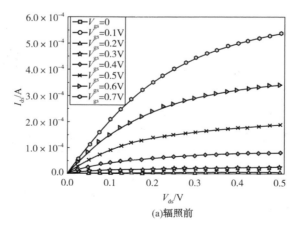

图 5-27　不同栅压下应变 Si 纳米 NMOS 器件 I-V 输出特性

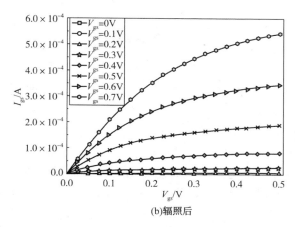

(b)辐照后

图 5-27　不同栅压下应变 Si 纳米 NMOS 器件 I–V 输出特性(续)

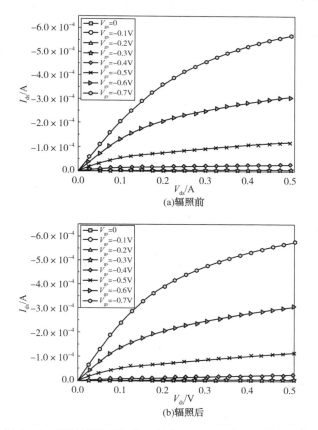

(a)辐照前

(b)辐照后

图 5-28　不同栅压下应变 Si 纳米 PMOS 器件 I–V 输出特性

5.4　本章小结

　　本章基于 MOS 器件在总剂量辐照条件下的损伤机制，建立了单轴应变 Si 纳米 NMOS 器件总剂量辐照的二维阈值电压模型，分析了总剂量、沟道应力、源/漏结深、漏极电压以及沟道中掺杂浓度等因素对阈值电压的影响。研究发现，随着辐照总剂量的增大，阈值电压的漂移量趋于饱和，然而阈值电压基本不随器件结构参数的变化而发生变化，并在此基础上探究了跨导及归一化载流子迁移率与辐照总剂量的演化规律。此外，进行了总剂量 γ 射线和 X 射线辐照实验，对应变 Si 纳米 MOS 器件辐照前后的电学特性进行了测试，结果表明阈值电压模型的计算结果与实测结果相差约 2%，因此，该解析模型精确，可为总剂量辐照条件下小尺寸应变 MOS 器件阈值电压的评价提供技术参考与理论依据。

6

总剂量辐照对单轴应变Si
纳米MOS器件栅电流的研究

随着微电子集成电路技术地快速发展，以互补型金属氧化物为核心的半导体技术已进入纳米尺度。根据等比例缩小的原则，氧化层厚度也随之缩减至几个纳米，则单个器件的栅电流随之增大，而当前集成电路已进入超大规模，因此引起的静态功耗急剧增大以及经时击穿（Time Dependent Dielectric Break-down, TDDB）等可靠性问题愈发严重，故栅泄漏电流引起的可靠性问题成为研究重点。栅泄漏电流作为在总剂量辐照条件下器件退化的重要参数指标，仅有少量研究基于实验的分析，而对于相应成熟的理论模型研究甚少。

为此，本章基于总剂量辐照条件下单轴应变 Si 纳米 MOS 器件载流子的微观输运机制，揭示单轴应变 Si 纳米 MOS 器件氧化层电荷密度以及界面态电荷密度随总剂量辐照的变化规律。同时基于量子机制，建立单轴应变 Si 纳米 MOS 器件总剂量辐照热载流子栅电流及衬底电流。该模型可为辐照条件下小尺寸应变器件及集成电路可靠性提供重要理论参考。

6.1 总剂量辐照热载流子栅电流模型

热载流子效应随着器件几何尺寸的减小更加显著，在一定程度上阻碍了器件的正常工作。主要是由于具有高能的热电子或热空穴在高场作用下注入栅介质引起氧化层陷阱电荷及界面态电荷，导致了栅介质的损伤使得器件的电特性发生退化甚至失效，故对热载流子效应的研究备受关注。由于总剂量辐照导致 MOS 器件的热载流子效应更加严重。因此，很有必要研究 γ 射线总剂量辐照下应变 Si NMOS 器件的热载流子效应。

6.1.1 总剂量辐照热载流子栅电流增强机制

应变 Si NMOS 器件中热载流子栅电流由于总剂量辐照效应增大的物理过程如图 6-1 所示。源/漏极之间产生的电场与栅极电压产生的电场共同作用，MOS 器件沟道中部分载流子获得较大的能量而成为热电子，其中有一部分热电子发射的方向指向栅极，更多的发射粒子流定向运动而形成了电流。形成发射电流的一部分粒子由于栅介质的镜像势而被反弹回衬底中，一部分则被栅介质中的陷阱所捕获留在其中，剩下的粒子由于能量足够大而越过界面处的势垒高度达到栅极，从而被栅极收集形成栅电流。当 γ 射线照射在应变 Si NMOS 器件时，由于在氧化层中产生了氧化层陷阱正电荷以及界面态电荷，引起阈值电压的负向漂移，则在外加栅电压不变的情况下，栅介质中的电场的增大导致界面处的势垒高度降低，因此有更多的热电子越过势垒进入栅介质从而形成的栅电流概率就会增大。也就是说由于 γ 射线的影响，应变 Si NMOS 器件由于热载流子效应引起的栅电流更大。

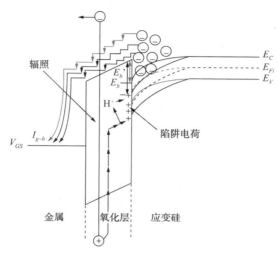

图 6-1　总剂量辐照引起应变 Si NMOS 器件热载流子栅电流原理图

在栅极电压产生的电场与源极和漏极之间产生电场的共同作用下，沟道中运动的部分载流子获得更高的能量形成热载流子，其注入过程随机而复杂。一部分载流子与其他粒子没有发生碰撞，则获得较大的能量时很幸运成为热电子。热电子发生碰撞从而改变了运动方向，若是朝着栅极方向的运动同时具有大于界面处势垒高度的能量，则可以克服栅介质的镜像势从而顺利到达栅极形成栅电流。对这样复杂的过程进行精确地描述相当困难，故采用概率电子模型来描述在较大漏极电场作用下 NMOS 器件热载流效应失效机理。图 6-2 描述了 NMOS 器件中的热电子产生以及注入的四个过程。

第一个过程：沟道中的载流子从 A 到 B，由于漏极和源极之间的强电场作用下使得沟道中反型层中的电子获得很大的动能，从而大于栅介质与应变 Si 界面处的势垒高度成为"热电子"。

第二个过程：当电子到达 B 点时，由于电子与电子之间发生弹性散射，导致运动方向的改变，向栅极方向运动。

第三个过程：热电子从 B 点到 C 点，电子以较高的能量向垂直界面方向运动。

第四个过程：从 C 点运动至 D 点，电子向栅极运动的过程中克服了界面势垒同时也不受外界的散射作用，故没有能量损失。当到达 D 点，即电子受到栅电场作用被栅

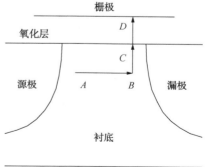

图 6-2　概率电子模型示意图

极收集，形成热载流子栅电流。

因此，由以上四个过程可知，由于热载流子效应引起的栅电流载流子面电荷密度 [$Q_{ox}(y)$] 与沟道中载流子的浓度、溢出概率以及注入效率相关。则有：

$$Q_{ox}(y) = P_{inj}(y)P_{esc}(y)Q_n(y) \tag{6-1}$$

式中，$P_{inj}(y)$、$P_{esc}(y)$、$Q_n(y)$ 分别表示的是在沟道中各点的注入效率、溢出几率以及沟道反型层电子面密度。

6.1.2　热载流子栅电流模型

载流子的定向移动形成电流，热电子栅电流 I_{g-h} 的表达式可以写为：

$$I_{g-h} = W\int_0^L Q_{ox}(y)v_m(y)\mathrm{d}y \tag{6-2}$$

式中，L 和 W 分别是应变 Si NMOS 器件的沟道长度及宽度，$v_m(y)$ 是电子速度。

将式(6-1)代入式(6-2)，可得到：

$$I_{g-h} = W\int_0^L Q_{ox}(y)qv_m(y)\mathrm{d}y = Wq\int_0^L P_{inj}(y)P_{esc}(y)Q_n(y)v_m(y)\mathrm{d}y \tag{6-3}$$

（1）注入效率

将注入效率可以定义为：热电子能量大于界面势垒高度的数目与沟道中电子总数的比值。

$$P_{inj}(y) = \frac{n(y,\ E > E_b)}{n(y,\ E > E_c)} \tag{6-4}$$

式中，E、E_c、E_b 分别是电子能量、导带底能量以及界面势垒高度。由热电子注入栅介质的物理过程可得知注入效率包括两部分：一是由电场作用电子获得了更高的能量越过势垒高度的概率；二是热电子向界面处运动的过程中没有发生弹性散射作用。因此注入效率还可以表示为：

$$P_{inj}(y) = \left[2 + \frac{E_b}{kT}\right]\exp\left(-\frac{E_b}{kT}\right) \tag{6-5}$$

（2）溢出概率

热载流子注入氧化层后溢出概率的简单表示为：

$$P_{esc}(y) = 1 - \sqrt{\frac{E_b}{\overline{E}}} \tag{6-6}$$

式中，$\overline{E}$ 是热电子的平均能量，可以表示为：

$$\overline{E} = E_b + kT + \frac{2(kT)^2}{E_b + 2kT} \tag{6-7}$$

（3）栅介质界面电子的平均速度

热电子克服界面势垒注入栅介质层中向栅极方向移动时，则占据与界面处相同的能级，即假设整个过程中没有损失热电子的能量。因此，热电子在栅介质中被视为自由离子的形式进行运动，定义 E^* 为粒子能量，则热电子的能量与速度的关系为：

$$E^* = E_0(y) - E_{c-s} = \frac{1}{2} m_m V_m (y)^2 \qquad (6-8)$$

式中，m_m 表示的是热电子在栅介质中的有效质量，通过变换可得：

$$v_m(y) = \sqrt{\frac{2[E_0(y) - E_{c-S}]}{m_m}} \qquad (6-9)$$

（4）沟道反型层电子面密度

通过求解，可得到沟道反型层电子面密度表达式为：

$$|Q_n(y)| = |Q_m| - |Q_d| = \frac{\varepsilon_{ox}}{t_{ox}} [V_{gs} - V(y) - V_{th, ssi}] \qquad (6-10)$$

式中，Q_d、Q_m 分别是耗尽层中极栅极的电荷面密度，t_{ox} 和 ε_{ox} 分别为氧化层的厚度和介电常数，$V_{th, ssi}$ 为应变 Si MOS 器件的阈值电压。

栅介质层的电场强度 E_{ox}、E_1 以及 E_0 均是 y 的函数，因此，由式（6-5）、式（6-6）、式（6-9）及式（6-10）可得到热载流子栅电流 I_{g-h} 表达式为：

$$I_{g-h} = W \int_0^L Q_{ox}(y) q v_m(y) dy = Wq \int_0^L P_{inj}(y) P_{esc}(y) Q_n(y) v_m(y) dy \qquad (6-11)$$

电场是由电势的负梯度得到的，即有：

$$\frac{dV(y)}{dy} = -F(y) \qquad (6-12)$$

将式（6-12）代入式（6-11），得到

$$I_{g-h} = Wq \int_0^L P_{inj}(y) P_{esc}(y) Q_n(y) v_m(y) dy$$

$$= -W \int_0^L \frac{\{P_{inj}[V(y)] Q_n[V(y)] P_{esc}[V(y)] v_m[(y)]\}}{F(y)} dV \qquad (6-13)$$

假设 $F(y) = V_{ds}/L$，可以简化积分表达式得到最终的热载流子栅电流：

$$I_{g-h} = -\frac{WL \int_0^{V_{ds}} P_{inj}(V) Q_n(V) P_{esc}(V) v_m(V) dV}{V_{ds}} \qquad (6-14)$$

式（6-14）是总剂量辐照条件下单轴应变 Si 纳米 NMOS 器件热载流子栅电流模型，可以看出热载流子栅电流与器件几何结构参数、辐照剂量、材料物理参数等之间有密切的关系。

6.1.3 结果与讨论

图 6-3 和图 6-4 给出了单轴应变 Si 纳米 NMOS 器件沟道中的应力分布图以及辐照前后沟道中电子速度的分布图。由图 6-3 可看出，沟道正中央的张应力强度最大，沿着衬底以及中央两侧应力强度逐渐减弱，还可看出源区和漏区中产生的是压应力。由图 6-4 得知，总剂量辐照后沟道中电子的速度迅速提高，此时的电子获得高能量，这些电子可以被认为是"热电子"。众所周知，热载流子栅电流的形成是由于高能的热电子没有能量损失注入栅氧化层进而向栅极运动被栅极收集。由于总剂量辐照在栅氧化层中产生了氧化层陷阱正电荷，则加强了纵向电场强度，与由漏极电压产生的横向电场叠加后，引起总的电场强度增大，因此引起沟道中的载流子速度提高。由此推断出总剂量辐照器件热载流子栅电流会增大。

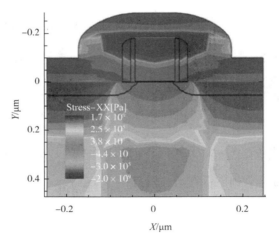

图 6-3 单轴应变 Si 纳米 NMOS 器件沟道中的应力分布

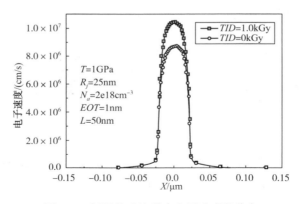

图 6-4 辐照前后沟道中电子速度的分布

图 6-5 给出了不同的沟道应力强度下热载流子栅电流密度随不同总剂量辐照之间的关系。由图 6-5 可看出,热载流子栅电流密度随辐照总剂量的增大而增大,这是由于辐照剂量越大,在栅氧化层中产生的氧化层陷阱正电荷越多,纵向电场加强,与横向漏极电场叠加,引起沟道中反型层中的电子面密度增大。另外,由于引起栅氧化层中的电场增大,则热电子越过界面势垒高度降低的同时使得注入效率以及溢出概率的增大,因此最终导致热载流子栅电流密度的增大。随着沟道中应力强度的增大热载流子栅电流密度随之减小,这是由于沟道中应力的增大导致禁带宽度变窄,使得栅介质与沟道界面处的势垒高度升高,导致热电子的注入效率以及溢出效率的减小,引起热载流子栅电流减小。当沟道应力达到最大并且辐照总剂量最小时,热载流子栅电流达到最低值。因此可以通过提高沟道中应力强度的方法来抑制热载流子栅电流的增大。

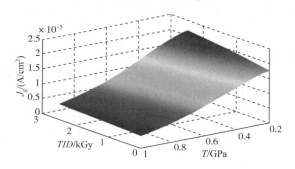

图 6-5　热载流子栅电流密度与沟道中应力强度及辐照总剂量之间的关系
J_g—热载流子栅电流密度;TID—总剂量;T—应力

图 6-6 是不同的源/漏结深($R_j = 25\text{nm}$,$R_j = 50\text{nm}$)热载流子栅电流密度随总剂量辐照的变化曲线。由图 6-6 可知,在同等剂量的辐照条件下,源漏区域的结深越大,热载流子栅电流密度随着增大。由于有效沟道中的掺杂浓度随着源/漏结深的增大而降低,则同栅压下引起沟道中反型层中的电子浓度增大,故同时增大了注入效率以及溢出概率,因此导致热载流子栅电流密度增大的结果。不同的源/漏结深下,热载流子栅电流密度随着辐照剂量的变化趋势具有一致性,可以得知源/漏结深的变化对热载流子栅电流密度的改变量影响不大。此外,由图 6-6 发现,辐照总剂量从 0 到 2kGy,热载流子栅电流的实验结果分别为 1. 125、1. 165、1. 179、1. 182、1. 187(10^{-5}A/cm^2),其均值为 $1. 168 \times 10^{-5}\text{A/cm}^2$,数值计算结果分别为 1. 119、1. 161、1. 178、1. 181、1. 186(10^{-5}A/cm^2),其均值为 $1. 181 \times 10^{-5}\text{A/cm}^2$,模型计算结果与实验测试结果误差 1.1%,其误差很小,从而验证了模型的正确性。

图 6-7 是不同的沟道长度($L = 50\text{nm}$、90nm、120nm)下热载流子栅电流密度随总剂量辐照的变化曲线。由图 6-7 可知,在同等剂量的辐照条件下,随着

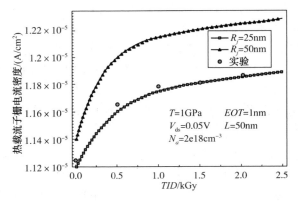

图 6-6　不同的源/漏结深下热载流子栅电流密度随总剂量辐照的变化曲线

沟道长度的减小，热载流子栅电流密度随之增大，这可以解释为：沟道长度的缩小引起源/漏两端耗尽区出现了严重的交叠以及出现更多的电荷分享，降低了源/漏之间的势垒高度，从源区注入沟道的电子增加，从而增大了沟道中反型层电子面密度、注入效率以及溢出概率，因此最终导致热载流子栅电流密度的增大。不同的沟道长度下，热载流子栅电流密度随着辐照剂量的变化趋势具有一致性，可以得知沟道长度的变化对热载流子栅电流密度的改变量变化不大。此外，由图 6-7 看出，模型计算结果与实验结果基本一致，从而验证了模型的正确性。

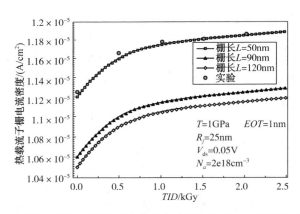

图 6-7　不同的沟道长度下热载流子栅电流密度随总剂量辐照的变化曲线

图 6-8 是不同栅介质热载流子栅电流密度随总剂量辐照的变化曲线。由图 6-8 可知，在同等剂量的辐照条件下，SiO_2 栅介质的热载流子栅电流增加量大于 HfO_2 栅介质和 Al_2O_3 栅介质。栅介质介电常数越大，随着总剂量辐照的增大阈值电压的漂移越小，即在辐照效应下沟道中反型层电子面密度增加量减小。同时栅介质介电常数越大，栅氧化层中的电场越小，界面处的势垒高度增大引起注入效

率以及溢出概率的减小，导致热载流子栅电流密度降低。此外，从图6-8可看出，模型的计算结果与实测结果基本一致，从而验证了该模型的正确性。

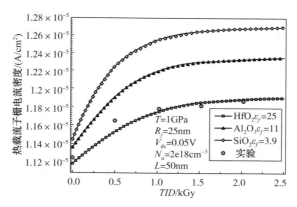

图6-8　不同栅介质下热载流子栅电流密度随总剂量辐照的变化曲线

图6-9是不同等效栅介质厚度(EOT)热载流子栅电流密度随总剂量辐照的变化曲线。由图6-9发现，栅介质层越厚，热载流子栅电流密度随总剂量辐照变化量越大，这是由于栅介质层越厚，栅氧化层电场越小，界面处的势垒高度越大，引起注入效率以及溢出概率的减小，导致热载流子栅电流密度降低。然而，栅介质层越厚，由于总剂量辐照产生的更多的空穴被氧化层陷阱捕获形成更多的氧化层陷阱正电荷，因此随着总剂量地增加阈值电压漂移增大，从而导致辐照条件下沟道中载流子面密度增大以及增大了热载流子栅电流密度的增加量。

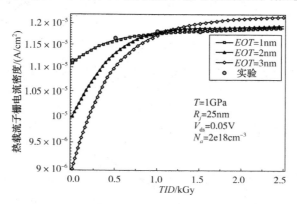

图6-9　不同栅介质厚度热载流子栅电流密度随总剂量辐照的变化曲线

图6-10是不同沟道掺杂浓度热载流子栅电流密度随总剂量辐照的变化曲线。由图6-10可知，热载流子栅电流密度随着沟道掺杂浓度的增大急剧减小，由于有效沟道中的掺杂浓度增大，沟道中反型层电子密度减小，即同栅压下器件开启更困难，从而减小了沟道中反型层电子面密度、注入效率以及溢出概率，因此导

致热载流子栅电流密度减小的结果。由图 6-10 还可看出，当沟道中的掺杂浓度以及总剂量辐照达到最大时，热载流子栅电流密度降到最小值，因此可以通过调节沟道中的掺杂浓度控制热载流子栅电流的增大。此外，从图 6-10 可看出，模型的计算结果与实测结果基本吻合，验证了模型的有效性与正确性。

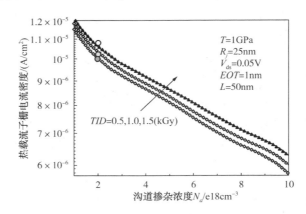

图 6-10　不同沟道掺杂浓度下热载流子栅电流密度随总剂量辐照的关系曲线

图 6-11 为不同栅源电压下热载流子栅电流密度随辐照总剂量的变化。由图 6-11 可知，随着外加栅电压增大，热载流子栅电流密度呈增大的趋势。这是由于同等辐照剂量下栅极电压的增大，总剂量辐照效应在栅介质中产生的电子和空穴更容易分离，则更多的空穴在栅氧化层电场作用下移动时被氧化层陷阱所捕获形成氧化层陷阱正电荷越多，故引起平带电压负向漂移以及阈值电压的减小，引起沟道中反型层电子面密度增大。另外，栅极电压的增大引起栅氧化层中的电场增大，则降低了热电子越过界面势垒高度使得注入效率以及溢出概率的增大，因此最终导致热载流子栅电流密度的增大。此外，由图 6-11 中发现模型仿真结果与实验结果比较一致。

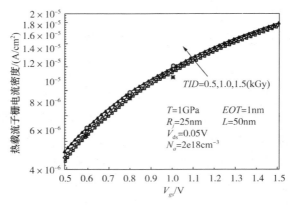

图 6-11　不同栅源电压下热载流子栅电流密度随总剂量辐照的变化曲线

一些与可靠性相关的参量可以通过热载流子栅电流来进行定性表征，如器件发生 TDDB 等。热载流子栅电流与发生经时击穿时间的表达式为：

$$T_{bd\,50\%} = AJ_g^{-4.7} \qquad (6-15)$$

式中，$T_{bd\,50\%}$ 和 A 分别表示的是器件发生经时击穿一半的时间和系数。外加电压对器件经时击穿特性的影响可以利用该表达式定性分析研究。

图 6-12 给出了 TDDB 寿命与所加栅压的变化曲线。其中，纵坐标及横坐标分别代表的是器件发生经时击穿的时间及栅源电压。由图 6-12 可知，器件发生经时击穿的时间随着外加电压的增大而减小，故可通过降低器件的工作电压来延长器件寿命。此外，由图 6-12 还可知，当工作电压一定，辐照总剂量越大，沟道中的电子速度增大，获得更多能量的电子有幸成为"热电子"，更多的热电子越过势垒进入栅介质，占据了栅介质的电子陷阱，则降低了栅介质的绝缘性能，故引起经时击穿越容易发生，可知总剂量辐照对应变 Si 器件的 TDDB 可靠性问题产生一定影响。

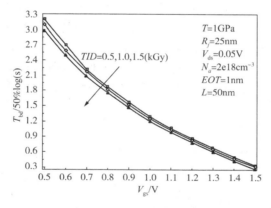

图 6-12 总剂量条件下 TDDB 寿命与所加栅极电压的关系曲线

6.2 总剂量辐照隧穿栅电流模型

6.2.1 总剂量辐照栅隧穿电流

随着微电子集成电路技术的快速发展，MOS 器件特征尺寸已进入纳米尺度，按照等比例缩小的原则，栅氧化层厚度也随之缩减至仅有几个纳米，导致沟道反型层中的载流子隧穿栅氧化层概率增大，引起整个电路静态功耗加剧，故对栅隧穿电流的研究越来越重视。随着应变集成器件及电路技术在空间、军事等领域的广泛应用，在辐照条件下应变集成器件及电路的应用将会越来越多，辐照特性及加固技术对应变集成器件的研究越来越重要，栅隧穿电流作为在总剂量辐照条件下器件退化的重要参数指标，因此，研究在辐照条件下应变 Si NMOS 器件栅隧穿电流很有必要。

由于量子力学理论的发展，隧穿现象才被人们发现并开始研究它的发展应用。当微观粒子如电子的能量小于栅介质界面势垒高度时，但在势垒的另一边仍然可以发现微观粒子的存在，这种现象称为势垒的隧穿效应。若微观粒子的波长与势垒的宽度差不多时，这种效应更加的显著。势垒的隧穿现象是一种微观表现，可以视为微观粒子的波动性。考虑到量子力学的理论，微观粒子的状态可以用波函数来描述，而不同状态下的微观粒子会以不同的概率出现在整个空间，只是在某个空间位置出现的概率不一样，即当微观粒子的动能小于势垒高度时，也会以一定的概率出现在势垒的另一侧，这种隧穿势垒现象就会发生。

此外，微观粒子经历这种过程时要满足能量守恒定律以及动量守恒定律。对于单轴应变 Si NMOS 器件而言，由于衬底掺杂浓度的不断提升，引起衬底中量子效应更加严重。同时随着研究的器件尺寸进入纳米级，根据等比例缩小原则栅氧化层随之减薄，故栅氧化层中的电场过大引起界面处电子能量的量子化效应更加严重，导带被分裂成一系列准连续的子能带。用 $E_i(i=0,1,2\cdots)$ 来表示每个子能带的最低能量。这样就在衬底表面形成了二维电子气，如果衬底材料的势阱高度远小于器件的几何尺寸时，可以利用一维的泊松方程以及薛定谔方程来描述二维电子气的电特性。

$$\frac{\mathrm{d}^2\phi(y)}{\mathrm{d}y^2} = \frac{-q}{\varepsilon_{\mathrm{S-Si}}}\left[N_A^-(y) - n(y) - p(y)\right] \tag{6-16}$$

$$\frac{\mathrm{d}^2\psi_{ij}(y)}{\mathrm{d}y^2} + \frac{2m_{yj}}{h^2}\left[E_{ij} + q\phi(y)\right]\psi_{ij}(y) = 0 \tag{6-17}$$

由于纳米 NMOS 器件栅氧化层厚度只有几个纳米，导致沟道反型层电子直接隧穿栅介质到达栅电极，形成栅隧穿电流。在栅极电压的作用下器件达到反型，出现在应变 Si 表面的电子势阱被近似看作三角形，导带由于量子效应的存在被分裂成一系列的子能带。同时存在单轴应力，则各个子能带最低能量 $E_i(y)$ 的表达式：

$$E_i(y) = E_i^0(y) + \Delta E \tag{6-18}$$

式中，y 表示源/漏之间的坐标，ΔE 是在应力作用下量子化能级的变化量，$E_i^0(y)$ 可以表示为：

$$E_i^0(y) = E_{C-S} + \left(\frac{h^2}{2m_{\mathrm{S-Si}\perp}^*}\right)^{\frac{1}{3}}\left[\frac{3}{2}\pi q\frac{E_{ox}(y)\varepsilon_{ox}}{\varepsilon_{\mathrm{S-Si}}}\left(i+\frac{3}{4}\right)\right]^{\frac{2}{3}} \tag{6-19}$$

式中，$E_{ox}(y)$ 和 E_{C-S} 分别为氧化层中的电场强度和界面处应变 Si 导带底能量，$m_{\mathrm{S-Si}\perp}^*$ 为单轴张应力作用下与界面垂直方向的电子有效质量，表达式为：

$$m_{s-Si\perp}^* = (0.914 + 0.0263\sigma^2)m_0 \qquad (6-20)$$

式中，σ、m_0 分别为沟道中应力强度和电子静止质量。

反型层中的电子主要占据的是最低次能带，分别是二度简并能谷 Δ_2 和四度简并能谷 Δ_4，则应力与能谷能量的关系表达式为：

$$\Delta E_{\Delta 2}(\sigma) = \left[\left(\Xi_d + \frac{\Xi_u}{3}\right)(S_{11} + 2S_{12}) + \left(\frac{\Xi_u}{3}\right)(S_{12} - S_{11})\right]\sigma \qquad (6-21)$$

$$\Delta E_{\Delta 4}(\sigma) = \left[\left(\Xi_d + \frac{\Xi_u}{3}\right)(S_{11} + 2S_{12}) - \left(\frac{\Xi_u}{6}\right)(S_{12} - S_{11})\right]\sigma \qquad (6-22)$$

导带中四度简并能谷下降是由于沟道中单轴张应力的作用，故 ΔE 表示为：

$$\Delta E = \Delta E_{\Delta 4}(\sigma) = \left[\left(\Xi_d + \frac{\Xi_u}{3}\right)(S_{11} + 2S_{12}) - \left(\frac{\Xi_u}{6}\right)(S_{12} - S_{11})\right]\sigma \qquad (6-23)$$

式中，弹性常数 S_{11} 和 S_{12} 分别为 $7.69 \times 10^{-3}/\mathrm{GPa}$ 和 $-2.24 \times 10^{-3}/\mathrm{GPa}$，$\Xi_d$、$\Xi_u$ 分别是流体静力学形变势和剪切形变势。

在外加栅极电压的作用下形成反型层电子，同时由于量子效应的存在则电子以一定概率隧穿栅介质被栅极吸收而形成栅隧穿电流。各个子能带电子的隧穿电流密度之和形成了栅隧穿电流密度。故 J_t 被表示为：

$$J_t = \sum_{i=0}^{+\infty} J_i = \sum_{i=0}^{+\infty} Q_{im}/\tau_i = \sum_{i=0}^{+\infty} Q_{im}f_i \qquad (6-24)$$

式中，Q_{im}、τ_i、f_i 分别是各子能带中的电子隧穿氧化层到达栅电极的面电荷密度、寿命以及电子碰撞界面的频率。此处引入平均碰撞频率 ξ，则电流密度被写为：

$$J_t = \xi Q_{0m} \qquad (6-25)$$

式中，Q_{0m} 表示的是被栅极收集的最低子能带中的电荷量。通过研究发现，总的反型层中电子密度的最低子能带所占比例大于 92%，故近似地认为最低的子能带中包括了半导体表面的所有反型层电子。假设反型层中的电子在最低子能带呈现均匀分布趋势，则电子密度为：

$$Q_{0m} = \int_{E_0}^{+\infty} s p_t(E) \mathrm{d}E = s \int_{E_0}^{+\infty} p_t(E) \mathrm{d}E \qquad (6-26)$$

式中，$P_t(E)$ 和 s 分别表示载流子直接隧穿概率及单位能量间隔内的电子数。

沿着与界面垂直方向运动的电荷受到栅介质势垒的阻碍作用且子能带中的电子隧穿概率仅依赖于垂直方向的能量，而处于同一子能带中不同能量的电子在垂直方向的分量相等且值为 E_i。因此可以得到：

$$Q_{0m} = \int_{E_0}^{+\infty} s p_t[E_0(y)] \mathrm{d}E = s \int_{E_0}^{+\infty} p_t[E_0(y)] \mathrm{d}E \qquad (6-27)$$

为了简化并获得解析模型，假定第一能级与最低能级之间的电子分布均匀，且其总量是沟道中反型层的电子密度。通过定积分计算后，得到：

$$Q_{0m} = p_t \left[E_0(y) \right] \int_{E_0}^{+\infty} s \, \mathrm{d}E \approx p_t \left[E_0(y) \right] \int_{E_0(y)}^{E_1(y)} s \, \mathrm{d}E$$

$$\approx p_t \left[E_0(y) \right] s \left[E_1(y) - E_0(y) \right] \Big|_{\frac{E_0(y) + E_1(y)}{2}}$$

$$= p_t \left[E_0(y) \right] Q_n(y) \Big|_{\frac{E_0(y) + E_1(y)}{2}} \qquad (6-28)$$

因此，栅隧穿电流密度可以被表示为：

$$J_t(y) \approx J_0(y) = \mid Q_n(y) \mid P_t(y) \zeta(y) \Big|_{\frac{E_0(y) + E_1(y)}{2}} \qquad (6-29)$$

式中，$Q_n(y)$、$P_t(y)$ 和 $\zeta(y)$ 分别为沟道中反型层中的电子面密度、隧穿概率以及平均碰撞频率。

沿沟道 y 方向对栅隧穿电流密度 $J_t(y)$ 进行积分，可得到栅隧穿电流 I_{g-t}，即：

$$I_{g-t} = W \int_0^L J_t(y) \, \mathrm{d}y \qquad (6-30)$$

式中，W、L 分别为沟道宽度和长度。由式(6-30)可知，为得到栅隧穿电流模型，则需要先获得沟道反型层电子面密度、隧穿概率以及平均碰撞频率。

（1）沟道反型层的电子面密度

由于研究的器件类型是 NMOS 器件，因此外加正的栅电压可以使其形成反型层。如图 6-13 给出了 P 型半导体在阈值反型点时的能带图。由能带图可看出，表面处的本征费米能级低于费米能级，从而有导带相比价带更接近费米能级，该结果说明了与氧化层界面处的半导体表面出现了 N 型半导体的性质。此外，由图发现表面势 ϕ_s 等于两倍的费米势 ϕ_{fp}，此时空间电荷区达到最大值 $x_d = x_{dT}$，所加的栅极电压是阈值电压，此时出现了强反型状态。

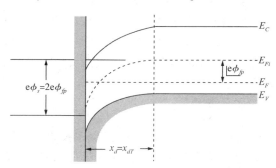

图 6-13　P 型半导体在阈值反型时的能带图

假设器件处于强反型的时候，反型层被视为厚度为零的电荷薄层。这样的假设意味着反型层上不存在电压降。根据高斯定律及边界条件有：

$$E_{ox} \varepsilon_{ox} = E_s \varepsilon_{\text{S—Si}} - Q_n \qquad (6-31)$$

式中，E_{ox}、E_s 以及 $\varepsilon_{\text{S—Si}}$ 分别是栅介质的电场强度、栅介质与半导体界面处的电场强度和栅介质中的介电常数。则在沟道中任意一点的电荷面密度可以表示为：

$$\phi_s(y) \approx V(y) + 2\phi_f \tag{6-32}$$

式中，$V(y)$ 表示的是沟道中相对于源极的电势，ϕ_f 是费米势，其表达式为：

$$\phi_f = \frac{kT}{q}\ln\left(\frac{N_A}{n_{S-Si}}\right) \tag{6-33}$$

式中，K、T、N_A 以及 n_{S-Si} 表示的是波尔兹曼常数、绝对温度、衬底中的掺杂浓度以及应变 Si 层的本征载流子浓度。

当漏端电压 $V = V_{ds}$ 时，氧化层及半导体表面电场表示如下：

$$E_{ox} = \frac{V_{gs} - V_{fb} - \phi_s(y)}{d} = \frac{V_{gs} - V_{fb} - (V(y) - 2\phi_f)}{d} \tag{6-34}$$

$$E_s = \sqrt{\frac{2qN_A[V(y) - 2\phi_f]}{\varepsilon_s}} \tag{6-35}$$

联立上式，简化整理得到沟道反型电子面密度表达式为：

$$|Q_n(y)| = |Q_m| - |Q_d| = \frac{\varepsilon_{ox}}{t_{ox}}[V_{gs} - V(y) - V_{th,\,ssi}] \tag{6-36}$$

同时考虑量子化效应以及总剂量效应后高精度的单轴应变 Si 纳米 NMOS 器件阈值电压为：

$$V_{th,\,ssi} = V_{FB,\,ssi} - V_{DIBL}$$

$$+ \frac{\psi_{th,\,ssi} + \left[1 - 2\frac{\sinh\left(\frac{L}{2l}\right)}{\sinh\left(\frac{L}{l}\right)}\right]\frac{qN_{A,\,eff}}{\varepsilon_{si}}l^2 - \frac{\sinh\left(\frac{L}{2l}\right)}{\sinh\left(\frac{L}{l}\right)}(2\psi_{bi,\,ssi} + V_{ds})}{\left[1 - 2\frac{\sinh\left(\frac{L}{2l}\right)}{\sinh\left(\frac{L}{l}\right)}\right]\left[1 - \frac{6}{W_d^2}l^2\right]} \tag{6-37}$$

其中，平带电压可以表示为：

$$V_{FB,\,ssi} = \left(\frac{\phi_M - \phi_{ssi}}{q}\right) - \frac{(Q_{ox} + qN_{ot} - qN_{it})}{C_{ox}} \tag{6-38}$$

由于应变作用对衬底功函数进行修正：

$$\phi_{ssi} = \chi_{ssi} + E_{g,\,ssi}/2 + \phi_{fp,\,ssi} \tag{6-39}$$

式中，χ_{ssi} 和 E_{ssi} 分别为应变 Si 的电子亲和能和禁带宽度，$\phi_{fp,\,ssi}$ 为应变 Si 的费米势。$\chi_{ssi} = \chi_{si} + 0.57\sigma/7.55$，$E_{gssi} = 1.12 - 0.0336\sigma$，$\phi_{fp,\,ssi} = V_t\ln\left(\frac{N_a}{n_{ssi}}\right)$。

因此可知，沟道反型电子面密度与总剂量、器件几何结构参数、材料物理参数等有关。

（2）隧穿概率

通常情况下，当栅氧化层的厚度比较厚时，对于 MOS 器件主要以 F-N 隧穿机制为主，则电子越过是三角形势垒，如图 6-14(a)所示。随着栅介质层中电场的增大栅电流以指数形式增大，这是 F-N 隧穿机制的最大特性。若栅介质特别薄时，对于 MOS 器件主要以直接隧穿机制为主，如图 6-14(b)所示。在这种情形下，栅介质层的电压降低于界面处的势垒高度，则电子越过的是梯形势垒，故当外加栅电压很小时，栅极也会出现比较大的泄漏电流，从而引起静态功耗的增大。

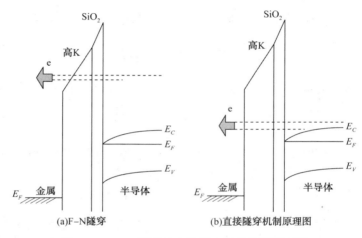

(a)F-N隧穿   (b)直接隧穿机制原理图

图 6-14   F-N 隧穿及直接隧穿隧穿机制原理图

随着摩尔定律的快速发展，MOS 器件的几何尺寸也要逐渐地缩小，根据器件的等比例缩小栅介质层厚度也随之缩小，然而薄的栅介质又会引来器件可靠性的问题。由于目前器件尺寸进入纳米级，只需施加相当小的栅极电压就能够使器件正常工作，尽管处于这样的状态，但仍然可以明显地观察到隧穿电流存在于栅介质层中，此时的电流不属于 F-N 隧穿机制产生的，而被称作直接隧穿电流。故栅隧穿机制以直接隧穿为主，采用 WKB 近似，隧穿概率为：

$$p_t(y) = \exp\left[\int_0^{t_{ox}} k_{ox}(x, y)\mathrm{d}x\right] \tag{6-40}$$

式中，κ_{ox} 表示的是栅介质层中的波矢，其表达式为：

$$k_{ox}(x, y) = \sqrt{\frac{2m_{ox}}{\hbar^2}\left[q\phi_{ox}(x) - E_0(y)\right]} \tag{6-41}$$

式中，ϕ_{ox} 表示栅介质层中的电势。

$$q\phi_{ox}(x) = E_{C-S} + q\phi_b - qE_{ox}(y)x \tag{6-42}$$

式中，ϕ_b 表示的是应变 Si 与栅介质导带底的能级之差，也就是界面处的势垒高度。通过研究发现，尽管界面处势垒的高度大于电子的能量仍然可以观察到部分电流的存在。表明在热电子发射的过程中克服界面势垒的高度有所降低，经过修正后的界面势垒高度表达式为：

$$\phi_b(y) = 3.15 + 0.57 \times \frac{\sigma}{7.55} - 2.59 \times 10^{-4} \sqrt{E_{ox}(y)} \qquad (6\text{-}43)$$

因此，隧穿概率被得到：

$$p_t(y) = \exp\left[-2 \int_0^{t_{ox}} k_{ox}(x,\ y)\mathrm{d}x \right]$$

$$= \exp\left\{ -2 \int_0^{t_{ox}} \sqrt{\frac{2m_{ox}}{\hbar^2} \left[E_{\mathrm{C\text{-}S}} + E_b(y) - qE_{ox}(y)x - E_0(y) \right]}\mathrm{d}x \right\} \qquad (6\text{-}44)$$

对式(6-44)进行积分之后可以得到隧穿概率的最终表达式为：

$$\mathrm{P}_t(y) = \exp\left\{ -\frac{4}{3} \sqrt{\frac{2m_{ox}}{\hbar^2}} \frac{1}{B} \left[A^{\frac{3}{2}} - (A - Bt_{ox})^{\frac{3}{2}} \right] \right\} \qquad (6\text{-}45)$$

式中，$A = E_{\mathrm{C\text{-}S}} + E_b - E_0(y)$，$B = qE_{ox}(y)$，$E_{ox}(y) = \dfrac{V_{gs} - V_{FB,\ ssi} - \phi_s(y)}{d}$，$m_{ox}$ 为电子在氧化层中的有效质量。可知，隧穿概率与应力大小以及辐照剂量相关。

（3）碰撞频率

反型层电子从反型层到达栅电极的时间包括隧穿栅介质时间及碰撞界面的平均时间，即碰撞频率的倒数，由此可求得单位时间隧穿栅介质到达栅电极的电荷量。由于量子效应载流子隧穿氧化层的时间可忽略，因此栅隧穿栅介质到达栅极的时间由沟道反型层电子碰撞界面时间决定，即碰撞频率的倒数。

碰撞频率用下式来表示：

$$\xi(y) = \left(2 \int_{-Z_0}^0 v_{\mathrm{S\text{-}Si}\perp}^{-1}(x,\ y)\mathrm{d}x \right)^{-1} \qquad (6\text{-}46)$$

式中，Z_0 表示的是应变 Si 导带底与 $E_0(y)$ 的交点位置，$v_{\mathrm{S\text{-}Si}\perp}^{-1}$ 表示的是沟道中的反型层电子与界面垂直的速度方向，其表达式为：

$$v_{\mathrm{S\text{-}Si}\perp}^{-1} = \sqrt{\frac{2\left[E_0(y) - E_c(x) \right]}{m_{\mathrm{S\text{-}Si}\perp}^*}} \qquad (6\text{-}47)$$

式中，$E_c(x)$ 表示的是半导体中随着 x 变化的导带能级，假定沟道中的电子势阱形状是近似三角形，则：

$$E_{\mathrm{C}}(x) = E_{\mathrm{C\text{-}S}} - qE_s x \qquad (6\text{-}48)$$

因此可得碰撞频率表达式为：

$$\zeta(y) = \frac{qE_{ox}(y)}{\sqrt{8m_{\mathrm{S\text{-}Si}\perp}^* \left[E_0(y) - E_{\mathrm{C\text{-}S}} \right]}} \qquad (6\text{-}49)$$

可看出，碰撞频率与栅介质层电场强度、量子化能级以及沿垂直方向的电子有效质量有关，因此碰撞频率与辐照剂量以及沟道应力强度有关。

联立式(6-30)、式(6-36)、式(6-40)、式(6-49)，经整理可得到栅隧穿电流 I_{g-t}：

$$I_{g-t} = W \int_0^L J_t(y)\,\mathrm{d}y = W \int_0^L \{\zeta[V(y)]Q_n[V(y)]P_t[V(y)][1-f[V(y)]]\}\,\mathrm{d}y$$

$$(6-50)$$

采用电场为电势的负梯度进行积分换元，并假设 $F(y)=V_{ds}/L$，最终得到了在总剂量辐照下单轴应变 Si 纳米 NMOS 器件栅隧穿电流模型：

$$I_{g-t} = -\frac{WL\int_0^{V_{ds}}\zeta(V)Q_n(V)P(V)[1-f(V)]\,\mathrm{d}V}{V_{ds}}$$

$$(6-51)$$

可以看出栅隧穿电流与器件几何结构参数、辐照剂量、材料物理参数等之间有密切的关系。

6.2.2　结果与讨论

图 6-15 是在一定结构参数和偏置下，辐照剂量与栅隧穿电流的关系曲线。其中纵坐标表示的是由于总剂量辐照引起隧穿电流密度变化量与没有辐照时隧穿电流密度比值。从图 6-15 中可以看出随着辐照总剂量的增大，栅隧穿电流密度呈近似线性增大的趋势。其仿真结果与实验结果的比较如表 6-1，从表 6-1 中可见，仿真结果与实验测试数据基本吻合。

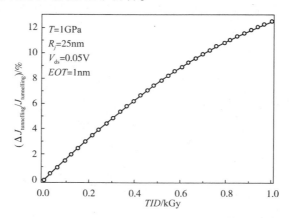

图 6-15　$\Delta J_{tunnelling}/J_{tunnelling}$ 与辐照剂量的关系

表 6-1　仿真与实验结果的比较

Dose/kGy		0.5	1.0	1.5	2.0
$(\Delta J/J)/\%$	本文仿真	0.832	1.726	2.542	3.674
	实验结果	0.815	1.653	2.673	3.543

图 6-16 为辐照剂量、沟道长度(L)与栅隧穿电流密度之间的关系。由图 6-16 可以看出，栅隧穿电流密度随辐照总剂量的增大而增大，随沟道长度的减小而增大。这可以解释为辐照剂量增大时，产生的电子空穴对越多，在栅极电压的作用下空穴和电子分离，空穴被氧化层陷阱捕获形成氧化层陷阱正电荷，纵向电场加强，从源区注入沟道的电子增加，引起沟道中反型层电子的面密度、碰撞频率以及隧穿概率均有所增大。沟道长度越小则短沟道效应越明显，栅极对沟道电荷的控能力减弱，引起阈值电压减小，故沟道长度减小时栅隧穿电流密度增大。此外，由图 6-16 可发现辐照总剂量从 0.5kGy 到 2kGy，隧穿栅电流的实验结果分别为 0.0224、0.0228、0.0234、0.0238（A/cm^2），其均值为 0.0231A/cm^2，数值计算结果分别为 0.0222、0.0226、0.0232、0.0235（A/cm^2），其均值为 0.0228A/cm^2，模型计算结果与实验测试结果误差约为 1.3%，其误差很小，从而验证了模型的正确性。

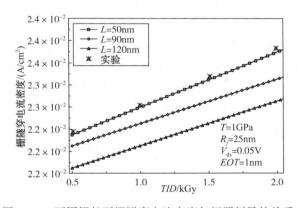

图 6-16　不同栅长下栅隧穿电流密度与辐照剂量的关系

图 6-17 为辐照剂量、栅氧化层厚度与栅电流密度的仿真结果。从图 6-17 中可以看出，当辐照总剂量一定时，栅隧穿电流随栅氧化层厚度减小而增大。栅氧化层越小，栅氧化层电场越大，导致沟道中反型层的电子面密度、碰撞频率以及隧穿概率也随之增大。同时，由图 6-17 还可以得到，栅隧穿电流密度随着辐照总剂量增大而微小增大，这是由于栅氧化层越薄，氧化层中捕获总剂量电离产生的空穴就比较少，因此辐照总剂量引起栅氧化层中产生的氧化层正电荷就越少，最终导致沟道中反型层的电子面密度减小，故栅隧穿电流随着辐照总剂量的增大变化很小。图 6-17 中的数值仿真结果与测试结果基本吻合，验证了模型的有效性。

图 6-18 给出了 HfO$_2$、Al$_2$O$_3$ 和 SiO$_2$ 三种栅介质器件栅隧穿电流密度随辐照总剂量的变化曲线。由图 6-18 可看出，同种栅介质下，栅隧穿电流密度随着辐照剂量的增加而增大，此外，还可看出采用 HfO$_2$ 和 Al$_2$O$_3$ 栅介质比 SiO$_2$ 栅介质的

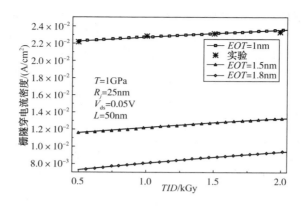

图 6-17 不同栅氧化层厚度栅隧穿电流随辐照剂量的关系

器件栅电流密度要小，这主要是由于栅介质介电常数越大，栅介质层的物理厚度就越大，当沟道发生反型时需要的栅极电压就越大，即提高了栅极对沟道的控制能力，因此辐照剂量相等时阈值电压漂移越小，从而引起沟道反型层电子的面密度越小，因此产生的栅隧穿电流密度就越小。随着微电子器件尺寸不断缩小，栅氧化层厚度只有几个纳米，在薄栅器件以及总剂量辐照条件下，故采用高 K 栅介质材料可以抑制栅隧穿电流的增大。此外，由图 6-18 可知，模型计算结果与实验结果基本一致，验证了模型的正确性。

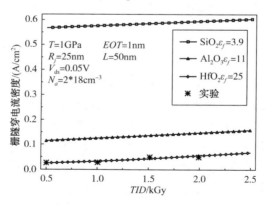

图 6-18 不同栅介质栅电流密度随着辐照剂量的关系

图 6-19 为辐照剂量、沟道应力强度与栅隧穿电流密度的关系图。由图 6-19 可知，栅隧穿电流随沟道应力强度的增大而减小，应力的增大引起沟道表面电子面密度的增加，但减小了沟道中电子的亲和势，应力增大引起的电子亲和势减小速率超过沟道表面电子面密度的增加速率，故应力增强时栅隧穿电流减小。同样的沟道应力强度时，隧穿电流密度随辐照剂量的增大而增大。这主要是因为：当沟道应力强度固定时，阈值电压随辐照剂量的增加而减小，即沟道反型层的电子

面密度增大，最终导致栅隧穿电流增大。此外，总剂量辐照条件下，增大沟道中的应力强度可以减小栅隧穿电流。此外，图6-19给出了模型计算结果与实验数据符合较好。

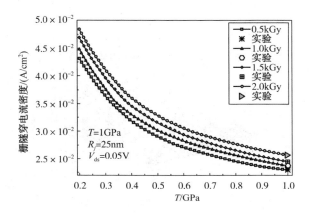

图6-19　不同辐照剂量下沟道应力强度与栅电流密度的关系

图6-20是辐照剂量、漏/源电压与栅隧穿电流密度的关系。由图6-20可知，当漏/源偏置一定时，栅隧穿电流密度随辐照剂量的增加而增大。此外，还可以看出当辐照剂量固定时，漏/源电压增大时栅隧穿电流密度减小，这是由于漏/源电压增大导致栅氧化层中电场减小，引起隧穿概率和碰撞频率减小以及沟道反型层电子面密度的减小，故减小了栅隧穿电流。

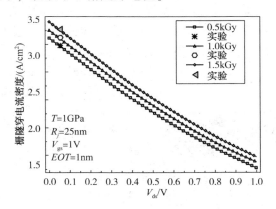

图6-20　不同辐照剂量栅隧穿电流与源漏电压的关系

图6-21为栅极电压与辐照剂量对栅隧穿电流的影响关系。当辐照剂量一定，栅极电压越大，引起栅隧穿电流越大。这主要是因为栅极电压越大，栅介质层中的电场越大，引起沟道反型层电子面密度、隧穿概率以及碰撞频率都增大。由图6-21还可以看出，当栅极电压较小时，栅隧穿电流随着辐照剂量增大变化不明

显，导致这种现象的原因是：一方面栅极电压小，栅介质层中的电场小，引起栅电流小；另一方面栅压小，栅氧化层捕获的空穴形成的氧化层陷阱正电荷越少，因此阈值电压的漂移就不明显，引起沟道反型层电子面密度的变化不大，故栅电流变化不大。

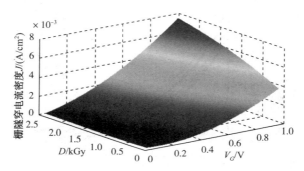

图 6-21　辐照剂量及栅压与栅电流密度的关系

6.3　总剂量辐照下衬底热载流子效应

衬底热载流子由于电场作用向栅介质与沟道的界面方向运动的同时获得比较高的能量。因此，高能量的热载流子可以运动到界面而且克服界面处势垒高度注入栅介质中形成氧化层陷阱电荷以及界面态电荷，从而导致电学特性的退化。目前研究的器件几何尺寸达到纳米级，故沟道中的电场强度就会增大导致大部分的衬底热载流子直接进入源/漏区域而没有到达表面耗尽区的高场中。由于总剂量辐照的作用在栅介质中产生正的氧化层陷阱电荷引起纵向电场强度加强，从而会增强衬底热载流子效应使载流子到达表面耗尽区的高场中。虽然目前对于热载流子效应的研究重点放在沟道热载流子，但是由于衬底热载流子对栅介质的损伤在沟道方向具有均匀性以及载流子注入的可控性，因此，对衬底热载流子的研究仍作为热载流子效应失效机制的重要手段。图 6-22 给出了 NMOSFET 总剂量辐照下衬底热载流子的增强效应。

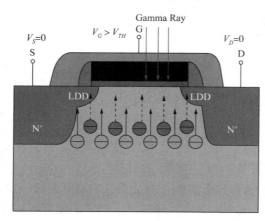

图 6-22　NMOSFET 总剂量辐照下衬底
热载流子的增强效应

6.3.1 衬底热载流子电流模型的建立

图 6-23 给出了 NMOSFET 总剂量辐照下衬底热载流子的增强效应以及电学性能的退化。由图 6-23 可看出，由于衬底热载流子效应会引起器件电学特性的退化，尤其 MOS 器件受到外界总剂量辐照的影响，从而引起衬底热载流子效应更加显著，导致器件的电性能退化更严重。由于衬底电流的产生对 MOSFET 器件电流电压特性造成很大的影响，同时从产生机制可知，衬底电流的产生与器件退化具有一致性，故对于衬底电流的分析研究用来判据器件的失效程度很有必要。而为了更加精确地分析研究总剂量辐照对衬底电流的影响，建立其对应的数值模型非常重要。

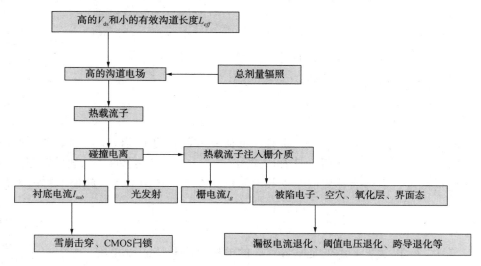

图 6-23 总剂量辐照下 NMOSFET 衬底热载流子退化

对于 NMOSFET 而言，热电子在沟道中运动时受到沟道强电场的作用而发生了碰撞离化作用产生的空穴进入衬底形成衬底电流 I_{sub}，$I_{sub} = (M-1)I_{ds}$，I_{ds} 表示源漏电流，M 是碰撞电离时的雪崩倍增因子：

$$M = \frac{1}{1 - \int a_n \mathrm{d}y} \tag{6-52}$$

其中，a_n 表示与沟道电场强度密切相关的电子碰撞电离率。而由于其产生的衬底电流比漏极电流小几个数量级，故其处于一种比较低的雪崩倍增水平，取 M 约等于 1，因此衬底电流表达式为：

$$I_{sub} = I_{ds} \int_0^{l_{sat}} a_n \mathrm{d}y \tag{6-53}$$

其中，$a_n = A_i \exp\left(-\dfrac{B_i}{E}\right)$，$A_i$ 及 B_i 都表示碰撞电离系数，E 表示沟道中的电场强度，L_{sat} 表示沟道饱和区长度。因此，将电子的碰撞电离率代入式 (6-53)，可得：

$$I_{sub} = I_{ds} A_i \int_0^{l_{sat}} \exp\left[-\frac{B_i}{E(y)}\right] dy \tag{6-54}$$

由上式可得出产生沟道中电场的强度决定了衬底电流的大小。沟道中的电场由漏极电场和总剂量辐照的作用在栅介质中产生正的氧化层陷阱电荷引起纵向电场强度的叠加而成。用 E_1 表示氧化层陷阱正电荷引起纵向电场，E_2 表示漏极产生的横向电场，两者的叠加成为沟道中总的电场用 E_m 来表示。因此可得衬底电流的近似表达式：

$$I_{sub} = I_{ds} \frac{A_i}{B_i}(E_1 + E_2) \exp\left(-\frac{LB_i}{E_1 + E_2}\right) \tag{6-55}$$

其中

$$E_1 = k\frac{Q_{ot}}{r^2}$$

式中，k、r、Q_{ot} 分别指的是常数、电荷到沟道处的距离以及由辐照总剂量诱导产生的氧化层陷阱正电荷，其表达式为 $Q_{ot} = q \cdot N_{ot}$，N_{ot} 指的是总剂量辐照产生的正电荷浓度，具体表达式以及参数说明已经在第三章中描述，此处不赘述。

$$E_2 = \sqrt{\left(\frac{V_{ds-}V_{sat}}{L}\right)^2 + E_c^2} \approx \frac{V_{ds} - V_{sat}}{L} \tag{6-56}$$

式中，E_c 以及 L 表示的是临界状态的电场强度和特征长度。

$$L = \sqrt{\frac{\varepsilon_{ssi}}{\varepsilon_{ox}} t_{ox} x_j} \tag{6-57}$$

式中，ε_{ssi}、ε_{ox}、t_{ox}、x_j 分别表示的是应变 Si 的介电常数、栅氧化层的介电常数及厚度、源漏区域的结深。

在小尺寸的器件中，为了提高准确性需要对漏极产生的电场进行修正，有

$$E_2 \approx \frac{V_{ds} - \eta V_{sat}}{L} \tag{6-58}$$

式中，η 是由于器件在制造过程中根据工艺拟合的参数，其值一般为 $\eta \in (0, 1]$。因此，衬底电流 I_{sub} 的最终表达式为：

$$I_{sub} = I_{ds} \frac{A_i}{B_i}\left(E_1 + \frac{V_{ds} - \eta V_{sat}}{L}\right) \exp\left(-\frac{LB_i}{E_1 + \dfrac{V_{ds} - \eta V_{sat}}{L}}\right) \tag{6-59}$$

6.3.2 总剂量辐照下衬底电流的仿真分析

本节将采用器件模拟软件 Sentaurus-TCAD 进行应变 Si 纳米 NMOSFET 器件中总剂量辐射效应下热载流子衬底电流的仿真分析。使用工艺编辑器 Sprocess 和结构编译器 SDE 构建应变 Si NMOS 结构模型。首先对器件结构进行网格划分，其次通过 Sdevice 模块进行模拟等效的总剂量效应以及添加碰撞电离模型模拟热载流子效应，从而实现了对应变 Si NMOS 器件进行辐照条件下热载流子衬底电流的仿真。

在仿真的过程中，Sdevice 模块中主要使用了 Hydrodynamic 流体力学模型、EffectiveIntrinsicDensity 模型、Mobility 迁移率模型、SRH 产生复合模型、Piezo 晶格应力模型等，仿真的语句如下：

```
Physics{
    Hydrodynamic(eTemperature)
    EffectiveIntrinsicDensity(OldSlotboom)
    eQuantumPotential
}
Physics(Material="Silicon"){
    Piezo(Model(Mobility(eSubband(Egley)hSixband(Doping))))     )
    Mobility(
        PhuMob
        eHighFieldSaturation(CarrierTempDrive)
        hHighFieldSaturation(GradQuasiFermi)
        Enormal
    )
    Recombination(
        SRH(DopingDependence)
        Avalanche(Eparallel)
    )
}
```

其中，Hydrodynamic 流体力学模型直接影响 Si 中本征载流子浓度；EffectiveIntrinsicDensity 模型主要考虑了高掺杂区的禁带变窄效应；Mobility 迁移率模型考虑了高掺杂浓度引起的迁移率下降，高电场下的速度饱和，表面散射引起的迁移率下降等因素；Avalanche(Eparallel) 碰撞电离模型主要用来实现热载流子效应。

此外，等效总剂量辐照引入的氧化层陷阱电荷以及界面态电荷的语句如下：

Physics（MaterialInterface = "Silicon/Oxide"）
{
  Recombination（SurfaceSRH）
  Charge（ Uniform Conc = @ <（1.3e9）* dose>@ ）
  Traps（
   （hNeutral Uniform fromValBand Conc = @ <（-2.9e5）* dose>@
   EnergyMid = 0.42 EnergySig = 0.86 ElectricField）
  ）
}

其中，变量 *dose* 表示的是辐照总剂量，其单位为 krad。Charge 为固定电荷，表征氧化层陷阱正电荷。Traps 为陷阱，表征界面态电荷。*Conc* 表示氧化层电荷和界面态电荷的面密度，其单位为 cm^{-2}。

6.3.3 总剂量辐照下衬底电流的结果与讨论

  图 6-24 及图 6-25 给出了总剂量辐照条件下不同源漏结深和沟道长度的衬底电流的变化关系图。由图 6-24 可看出随着源/漏结深的增大衬底电流随之减小，这是由于随着源/漏结深的减小，特征长度随之减小，故漏极产生的横向电场强度减弱使得碰撞离化的热载流子数量减少，导致衬底电流降低。由图 6-25 得知，随着沟道长度的减小衬底电流随之增大，这可以解释为：沟道越短，漏致势垒更大，引起大部分的衬底热载流子直接进入源/漏区域而没有到达表面耗尽区的高场中，从而获得高能量的热电子越多，碰撞电离产生的电子空穴对就越多，导致产生的衬底电流增大。

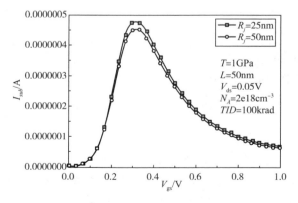

图 6-24 总剂量辐照条件下不同源漏结深衬底电流的变化关系曲线

I_{sub}—衬底电流；V_{gs}—栅极电压

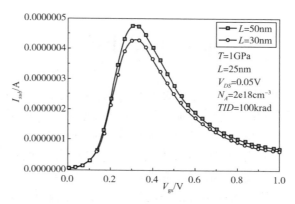

图 6-25　总剂量辐照条件下不同沟道长度衬底电流的变化关系曲线

图 6-26 及图 6-27 分别为热载流子衬底电流与辐照总剂量的变化曲线和总剂量辐照下热载流子栅电流和衬底电流的对比图。由图 6-26 可看出，衬底电流随着辐照总剂量的增大而呈增大趋势，这是由于总剂量辐照的作用在栅介质中产生正的氧化层陷阱电荷引起纵向电场强度加强，从而会增强衬底热载流子效应使载流子到达表面耗尽区的高场中，从而增强了沟道中热载流子的碰撞离化，产生更多的电子空穴对，电子注入栅氧化层，空穴则被衬底收集形成衬底电流。由图 6-27 可看出，总剂量辐射效应下应变 Si 纳米 NMOSFET 器件热载流子衬底电流明显小于热载流子栅电流，即本文所研究的应变 Si 纳米 NMOSFET 器件在总剂量辐射效应下产生的热载流子栅电流是主要因素，因此，本文重点研究讨论了总剂量辐射效应对应变 Si 纳米 NMOSFET 器件热载流子栅电流的影响。

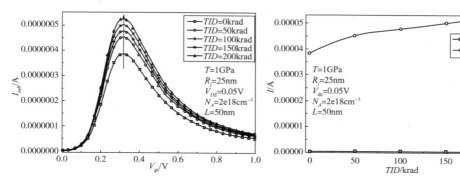

图 6-26　热载流子衬底电流随辐照　　　　图 6-27　总剂量辐照下热载流子栅
　　　　总剂量的变化曲线　　　　　　　　　　　电流和衬底电流的对比图
　　　　　　　　　　　　　　　　　　　　　　I—衬底电流；TID—总剂量

6.4　本章小结

随着微电子 MOS 器件几何尺寸的不断缩减，漏极电压产生沟道电场增强，导致沟道中载流子在其高场中获得能量称为热电子或热空穴的概率增大，尤其在总剂量辐照的条件下，热载流子效应更加显著。则更多的热载流子会注入栅介质形成陷阱电荷以及在界面处产生界面态电荷，引起器件电学特性退化甚至失效。这些因素对集成电路的使用寿命及可靠性产生了很大影响，因此，需要对沟道中高电场作用下的热载流子效应引起的栅电流以及衬底电流进行更深入的研究。本章首先建立了辐照总剂量下应变硅 NMOSFET 器件中热载流子栅电流模型，采用 Matlab 对该模型进行了模拟仿真，分析了总剂量、器件几何参数、物理参数等对栅隧穿电流的影响，最后通过实验验证了模型的正确性与可行性。其次，建立了辐照总剂量下应变硅 NMOSFET 器件中热载流子衬底电流模型，仿真结果显示，衬底电流随着源/漏结深的增大而减小，随着沟道长度的减小而增大。此外，还得出总剂量辐射效应下应变 Si 纳米 NMOSFET 器件热载流子衬底电流明显小于热载流子栅电流。因此，本章所建立的热载流子栅电流衬底电流的模型为纳米级单轴应变 Si NMOSFET 器件可靠性研究提供了理论依据和实践基础。

单轴应变结构对Si NMOS器件单粒子瞬态影响研究

单粒子瞬态是集成电路发生软错误的主要来源，目前已成为辐射效应研究的热点。但单轴应变结构的引入对 SET 电荷收集的影响鲜有文献报道，需要进一步的研究。主流的单轴应变 Si MOS 器件是通过氮化硅薄膜在沟道中引入单轴应力，提高载流子迁移率，从而提升器件电学和频率特性。氮化硅膜的应力与氮化硅膜厚度相关，在一定范围内，氮化硅膜的本征应力随着氮化硅膜厚度的增加而增加。因此氮化硅膜对重离子入射的阻挡作用是影响单轴应变 Si 器件单粒子效应的重要因素。

本章主要通过计算机仿真模拟纳米单轴应变 Si NMOS 器件的单粒子瞬态效应，采用二维数值模拟方法，研究单轴应变结构的引入对单粒子效应的影响。应用蒙特卡罗方法分析氮化硅膜对重离子入射电离损伤的影响，提取电离损伤参数并利用 TCAD 模拟分析其对单轴应变 NMOS 器件电荷收集的影响。

7.1 单轴应变 Si NMOS 器件仿真模型

Sentaurus TCAD 软件作为一款器件级数值模拟工具，能够准确模拟辐射效应，在抗辐照研究领域具有广泛的应用。本文利用 Sentaurus TCAD 构建单轴应变 Si NMOS 器件模型，结构示意图如图 7-1 所示。

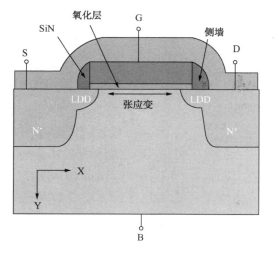

图 7-1　单轴应变 Si NMOS 器件结构示意图

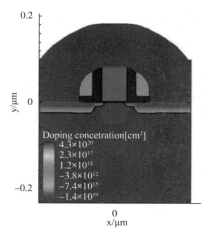

图 7-2　构建器件模型

通过氮化硅薄膜在沟道中引入单轴应力，为了抑制短沟道效应（DCE）、源漏穿通和热载流子效应（HCE），引入了源/漏延伸区（SDE）结构，其中侧墙用来保护栅电极同时抑制热载流子效应。NMOS 器件栅长为 50nm，沟道掺杂浓度为 $2\times10^{18}\text{cm}^{-3}$，LDD 掺杂浓度为 $2\times10^{19}\text{cm}^{-3}$，源/漏掺杂浓度为 $2\times10^{20}\text{cm}^{-3}$，栅介质等效厚度 EOT 为 1nm，衬底浓度为 $1\times10^{16}\text{cm}^{-3}$，应力施加大小为 1GPa。构建器件模型如图 7-2 所示。

对 NMOS 器件建模结束后就需要对所构建器件进行电特性的仿真用来验证所构建器件模型是否正确及是否符合实际情况。对构建的单轴应变 Si NMOS 器件进行转移和输出特性的仿真如图 7-3 所示。由图可知，单轴应力的引入使得 NMOS 器件的阈值电压负漂，且提升了器件的输出电流，在栅压由 0.2~1V 的变化中，器件的输出电流均有所提高，$V_{gs}=1\text{V}$ 时器件驱动能力提升了 23.1%，结果与文献中的趋势基本一致。因此可以认为本书构建的器件模型符合实际情况，可用于后续的研究。

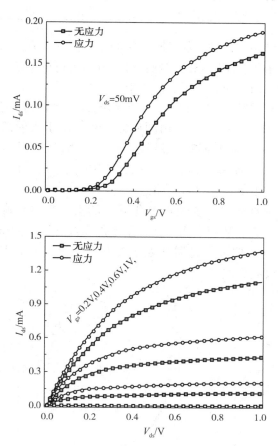

图 7-3　普通 NMOS 与应变 Si NMOS 器件的转移和输出特性仿真结果

后续对所构建的单轴应变 NMOS 器件进行单粒子的仿真，Sentaurus TCAD 进行数值模拟时，器件处于截止态（$V_{ds}=1V$），重离子撞击器件漏极，并以正常角度冲击衬底。以下物理模型被纳入：（1）Fermi-Dirac 分布；（2）禁带变窄效应；（3）与物理浓度相关的 SRH 复合和俄歇复合；（4）考虑了掺杂浓度、电场、载流子散射、界面散射对迁移率的影响；（5）流体动力学模型用于载流子传输。

Sentaurus TCAD 中对单粒子效应的重离子模型参数如表 7-1 所示。其中，let 为入射重离子的线性能量传输值，wt_hi 为入射重离子的半径，本文的数值模拟均采用垂直注入。若无特殊说明，则重离子模型参数与表中一致。

表 7-1　重离子模型参数

参数	let/(pC/μm)	wt_ hi/μm	time/s	direction	location
数值	0.207	0.05	1×10^{-11}s	(0, −1)	(0, 0.07)

关于单轴应变结构对器件单粒子瞬态影响的讨论主要有两方面：一方面探讨引入的沟道应力对于单粒子瞬态的影响；另一方面，讨论单轴应变结构引入的氮化硅膜对于重离子入射后单粒子瞬态的影响。

分析沟道应力对单粒子 SET 电荷收集的影响，仿真得到有应力和无应力条件下的漏极瞬态电流如图 7-4 所示。由图可知，在重离子入射后，漏极 SET 电流随之增大，在数 ps 后电流逐渐降低最终趋于 0，应力条件下与无应力条件下的漏极 SET 电流基本一致，且漏极瞬态电流未随应力的大小而变化，因此沟道应力对 SET 电荷收集的影响很小，几乎可忽略。

其原因在于，单轴应力主要通过氮化硅膜的本征应力在源漏区域产生压应力、在沟道产生张应力，从而使沟道迁移率增加，提升器件的电学特性。而单粒子瞬态效应主要发生在体内，且器件处于关态，从而沟道应力的施加对器件的 SET 电荷收集几乎没有影响。

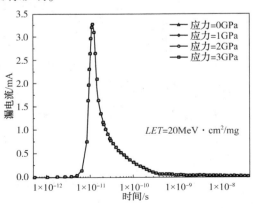

图 7-4　不同应力下的 SET 电流

7.2　氮化硅膜的能量阻挡模型建立

漏极区域为单粒子瞬态效应的敏感区域，入射到 Si 衬底之后的漏极电荷收集是研究单粒子瞬态效应的重点，而由于单轴应变 Si NMOS 器件表面淀积氮化硅膜，重离子入射到该 NMOS 中，必然会受到氮化硅膜的阻挡，重离子能量会随之降低，因此研究氮化硅膜对重离子的阻挡作用也是必要的。

入射粒子通过物质时，速度将降低并逐渐损失能量，损失的能量主要用于物质原子的激发和电离。基于第二章的理论可知，入射粒子在器件中淀积能量的强弱通常用线性能量传输（LET）来表示：

$$LET = \frac{1}{\rho} \frac{dE}{dx} \qquad (7-1)$$

其中，ρ 为材料密度。利用 SR 仿真得到 1MeV ~ 1GMeV 能量，重离子入射到 Si 和 Si_3N_4 材料中的 LET 变化曲线如图 7-5 所示。可以看出，在相同能量下，重离子入射至 Si_3N_4 材料的 LET 大于 Si 材料，且射程也比 Si 中小。由公式（7-1）可知，损失的能量与材料密度成正相关，也就是说，由于 Si_3N_4 材料的 LET 和材料密度均大于 Si 材料，因此同一能量的重离子入射相同厚度的 Si_3N_4 材料和 Si 材料，重离子在 Si_3N_4 材料中损失的能量更多。从而可以得到结论，相比于 Si 材料，Si_3N_4 材料对重离子的阻挡能力更强。

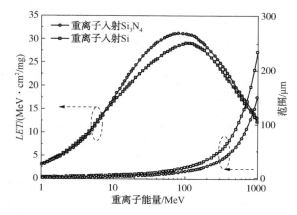

图 7-5　重离子入射 Si 和 Si_3N_4 材料的 LET 及射程

进一步分析氮化硅膜对重离子入射的阻挡作用，研究不同氮化硅膜厚度对入射粒子的能量损失情况。利用基于蒙特卡罗方法的 TRIM，研究不同能量的重带电粒子，入射氮化硅膜厚度为 10 ~ 400nm 的电离损伤情况。入射粒子数为 1000，入射方向为垂直材料方向。Si_3N_4 材料密度为 $3.44g/cm^3$。仿真采用的软件版本为 SRIM2013。

能量为 10MeV 氮化硅膜厚度为 200nm 和 300nm 下的电离损伤曲线如图 7-6 所示。可以看出，在 10MeV 能量的不同氮化硅厚度下，由于氮化硅膜厚度最大仅为几百纳米，重离子在 Si_3N_4 材料中的电离能损几乎为常数，因此可以推断出其电离能损的积分即能量损失与氮化硅膜的厚度近似成线性变化。对于其他能量的重离子是否满足这一特点，需要进一步的研究。用同样的方法得到单个粒子能量设置为 1MeV、5MeV、10MeV、30MeV 下，厚度为 10~400nm 下的电离能损曲线，对电离损伤曲线进行积分，得到不同氮化硅膜厚度对应的能量损失。

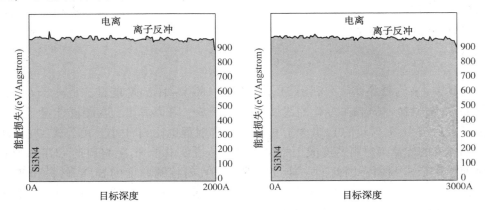

图 7-6　10MeV 能量下的电离能损

利用 Matlab 对其进行曲线拟合，发现对于不同能量的重离子在氮化硅膜中的能量损失与氮化硅膜厚度的关系同线性函数拟合良好，线性函数表示为：

$$E_l = jh_{si-n} + k \qquad (7-2)$$

式中，h_{si-n} 为氮化硅膜厚度，E_l 为重离子经过氮化硅膜损失的能量，j、k 为常数。拟合得到线性函数的参数如表 7-2 所示，拟合的结果如图 7-7 所示。

表 7-2　不同能量的线性拟合参数

能量/MeV	1	5	10	30
j	0.87	3.20	5.54	9.5
k	12.81	22.25	22.36	-9.882

可以看出，重离子在氮化硅膜中的能量损失随着氮化硅膜厚度的增加而线性增加，而且对于能量为 1~30MeV，能量越高，线性函数斜率越大，能量损失的也就越多。这也说明，氮化硅膜厚度越厚，对重离子的阻挡能力增强。

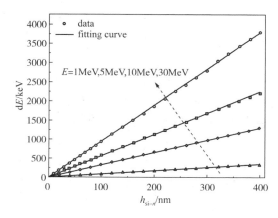

图 7-7　不同能量的重离子入射后氮化硅膜厚度与能量损失曲线

7.3　不同氮化硅膜厚度下的单粒子瞬态

7.3.1　电离损伤参数提取

由于氮化硅膜的厚度与本征应力的大小有关，氮化硅膜厚度越厚，本征应力越大，因此氮化硅膜的厚度是单轴应变 Si 器件的重要参数。接下来研究氮化硅膜厚度对重离子入射的影响。

由 7.2 节可知，10MeV 能量对应的能量损失（表 7-3）模型为：

$$E_l = 5.54 h_{si-n} + 22.36 \tag{7-3}$$

表 7-3　重离子能量为 10MeV 的不同氮化硅膜厚度对应的能量损失

h_{si-n}/nm	100	200	300	500
E_l/keV	576.36	1130.36	1684.36	2792.36
占总能量百分比	5.76%	11.30%	16.84%	27.92%

计算得到不同氮化硅膜厚度对应的能量损失见表 7-3。对于能量为 10MeV 的重离子，氮化硅膜厚度为 100~500nm 时的能量损失最高达到了 27.92%，即到达 Si 材料表面的重离子能量仅为原来的 72.08%。可见氮化硅膜对于重离子入射有着明显的阻挡作用。

为分析氮化硅膜厚度对重离子入射后的电荷收集的影响，利用 TRIM 研究不同氮化硅膜厚度下重离子的电离能损。模拟设置粒子数为 1000，能量为 10MeV，氮化硅膜厚度分别为 0、100nm、200nm、300nm、500nm。得到不同氮化硅膜厚度的 Si_3N_4/Si 材料的电离能损随深度分布图如图 7-8 所示。

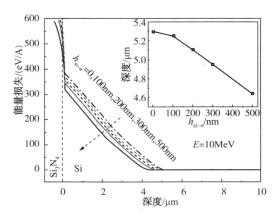

图 7-8　不同氮化硅膜厚度下重离子电离损伤随深度分布图

由图可看出，由于氮化硅膜对重离子的阻挡作用，相比于无氮化硅膜的 Si 材料，有氮化硅膜的 Si_3N_4/Si 材料电离能损在 Si 材料内部有一定程度的降低，入射深度也有一定程度的降低。且随着氮化硅膜厚度地增加，电离能损降低得越多，入射深度越浅，即氮化硅膜对重离子能量的阻挡作用越强。氮化硅膜厚度从 0 到 500nm，Si 材料表面处电离能损由 385.64eV/A 降低至 320.16eV/A，降低了 16.98%；入射深度由 5.3μm 降至 4.64μm，降低了 12.45%。综上，随氮化硅膜厚度地增加，重离子入射后的电离能损减小，且入射深度随之降低。

7.3.2　不同氮化硅膜厚度下的单粒子瞬态研究

分析单轴应变硅器件的电荷收集过程，利用公式(7-1)将前节得到的电离能损进行密度归一化，得到材料在重离子入射后不同深度的 *LET* 值，并将其转化为 Sentaurus TCAD 仿真所用的单位 pC/μm。将得到的 *LET* 值代入所构建的 50nm 单轴应变 Si NMOS 器件模型中，利用 Sentaurus TCAD 模拟不同氮化硅膜厚度的单粒子瞬态效应，器件处于关态，漏极电压 $V_{ds}=1V$，得到结果如图 7-9、图 7-10 所示。

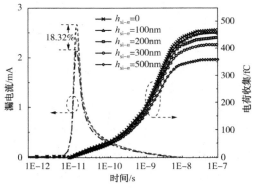

图 7-9　不同氮化硅膜厚度的瞬态电流脉冲

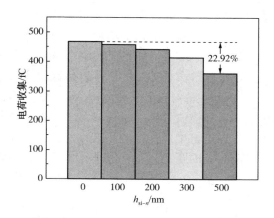

图 7-10 不同氮化硅膜厚度的收集电荷

由图可知，随着氮化硅膜厚度增加，漏极 SET 电流峰值明显降低，且拖尾处的扩散电流也均有所减小。氮化硅膜厚度为 100nm、200nm、300nm、500nm 时，SET 峰值电流分别下降了 3.00%、6.37%、10.11%、18.32%，收集电荷随之降低了 2.13%、5.99%、11.73%、22.92%。分析原因，由于入射重离子在进入 Si 衬底前先穿过了氮化硅膜，氮化硅膜的阻挡作用导致入射重离子能量减小，导致进入 Si 衬底时的 *LET* 减小，而 *LET* 值表征的是入射粒子单位长度上淀积的能量。淀积能量减小，导致单位长度上产生的电子空穴对数量减少，从而漏极的 SET 电流减小，收集电荷也随之减小。这说明氮化硅膜越厚，对重离子的阻挡能力越强，SET 电荷收集越弱。

7.4 双极效应研究

7.4.1 单个 NMOS 器件双极放大效应研究

漏极电压设置为 1V，按照前文设置的重离子模型参数轰击 NMOS 器件，研究分析沟道长度变化带来的 SET 的参数变化。仿真得到不同沟道长度下，单轴应变 Si NMOS 器件的漏极瞬态电流波形如图 7-11 所示。可看出漏极瞬态电流峰值随着沟道长度地增加而增加，栅长为 250nm 的 SET 电流峰值只有 2.63mA，而栅长为 50nm 的 SET 电流峰值为 3.36mA，是栅长为 250nm 的 1.28 倍，可知单粒子瞬态对于沟道长度的变化很敏感。

提取不同沟道长度下的漏极电流峰值和源极电流峰值分量由表 7-4 给出。可以看出，随着沟道长度的减小，导致源极电流增大，漏极电流也随之增大。栅长为 250nm 时源极电流为 1.82mA，占漏极总电流的 69.2%；而栅长缩小至 50nm

时源极电流增加至为 2.79mA，占漏极总电流的 83.0%，可见若栅长继续缩减，源极的电流将继续加剧增长，单粒子瞬态效应更加严重。

究其原因，是由于当重离子轰击 NMOS 器件时，漏极电势崩塌，沿入射轨迹产生等离子体，由于漏极吸收等离子体中的电子，体区堆积大量空穴导致电势升高。源极、体区接地，源-体-漏构成的寄生 NPN 晶体管开启，导致源极向体区注入大量电子被漏极收集，漏极收集到的电荷增多。随着沟道长度的缩减，使得源极与漏极距离减小，相当于寄生晶体管的基区减薄，寄生晶体管更易开通，且电子由源极通过沟道注入漏极的距离减小，电子在传输过程中发生复合的概率也减小，漏极收集的电荷就越多。

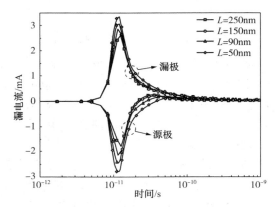

图 7-11　不同栅长下的漏极瞬态电流

表 7-4　不同栅长的源漏电流对比

栅长/nm	250	150	90	50
漏极峰值/mA	2.63	2.88	3.07	3.36
源极电流/mA	1.82	2.16	2.42	2.79
百分比	69.2%	75.0%	78.8%	83.0%

为进一步对比分析双极放大效应对 SET 电流的影响，得到不带源极掺杂的 N Diode，如图 7-12 所示，按照与 NMOS 器件相同的重离子模型参数轰击 N Diode 器件，仿真得到 N Diode 与 50nm NMOS 晶体管的瞬态电流波形对比如图 7-13 所示。可以看出，相比于漏极瞬态总电流，N Diode 的电流分量较小，表明源极在漏极总电流中占据的比重很大。N Diode 的电流，表征的是 NMOS 中漏极的漏斗辅助漂移电流和扩散电流，在无源极存在的情况下，电流仅为 1.23mA，正是由于源极的存在诱发了寄生双极放大效应，使得漏极收集到的电荷增多，电流变为 3.36mA。

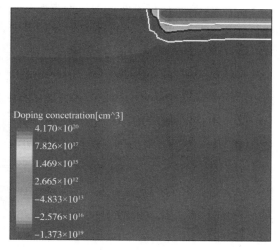

图 7-12　去除源极的 N Diode 示意图

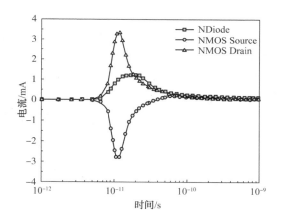

图 7-13　NMOS 与 N Diode 电流脉冲

由于 N Diode 的电流表征的是 NMOS 器件漏极的漂移电流和扩散电流，将其表示为 I_{drift}，漏极总电流为 I_{ds}，那么双极放大成分 I_{bip} 为：

$$I_{\text{bip}} = I_{\text{ds}} - I_{\text{drift}} \qquad (7\text{-}4)$$

研究分析 *LET* 值对双极放大效应的影响，将其分别设置为 $1\text{MeV} \cdot \text{cm}^2/\text{mg}$、$5\text{MeV} \cdot \text{cm}^2/\text{mg}$、$10\text{MeV} \cdot \text{cm}^2/\text{mg}$、$20\text{MeV} \cdot \text{cm}^2/\text{mg}$、$40\text{MeV} \cdot \text{cm}^2/\text{mg}$，并根据公式(7-4)得到各个电流峰值成分随 *LET* 值的变化波形图如图 7-14 所示。由图可知，随着 *LET* 值的增大，各个电流成分均有所增加，但漂移扩散电流成分增加很缓慢，而双极放大电流成分的增势更明显，在 *LET* 小于 $10\text{MeV} \cdot \text{cm}^2/\text{mg}$ 时，双极放大成分小于扩散漂移成分，随 *LET* 值的增大双极放大成分逐渐超过漂移扩散成分。这说明，随着 *LET* 值的增加，逐渐触发了双极放大效应，且双极放大效应越发严重。原因在于，入射重离子 LET 值增加，使得漏极通过漏斗辅助漂移收集的电子增加，而体区内的空穴数量增多，体区电势升高得更多，导致双极放大效应加剧。

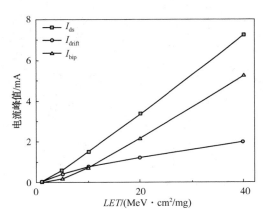

图 7-14　不同 LET 值下各电流成分峰值

为进一步地量化双极放大成分在总收集电流中的比重，计算得到双极放大成分占总电流百分比，结果如图 7-15 所示。可以看出，随着 LET 值的增加，双极放大电流在总电流的占比随之增加。在 LET 值为 $1 MeV \cdot cm^2/mg$ 时，双极放大成分仅占总电流的 24.1%，电流主要成分为漂移扩散电流；而在 LET 值为 $40\ MeVcm^2/mg$ 时，双极放大成分占比升高至 72.5%，此时电流的主要成分为双极放大电流。

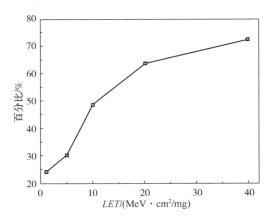

图 7-15　不同 LET 值下双极放大电流成分百分比

7.4.2　反相器链的双极效应研究

针对反相器链的混合模拟被证明是研究单粒子瞬态的有效手段。本节采取 7 级反相器链混合模拟结构进行研究，如图 7-16 所示，其中 N1 管采用器件模拟，其余晶体管采用 Berkeley 大学的 BSIM-4 模型进行 Spice 电路模拟，N 管和 P 管的栅长 W/L 分别为 300nm/50nm 和 600nm/50nm。N1 管处的重离子参数模型与单管完全一致，*LET* 设置为 20MeV·cm²/mg。在 N1 管处产生 SET，然后在 7 级反相器链中传播，观察反相器链 OUT 输出端的电压脉冲情况。

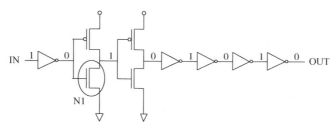

图 7-16   7 级反相器链混合模拟示意图

由上图可看出，与单管模拟的漏极直接与电源相连不同，反相器链中 NMOS 管是通过与 PMOS 管组成的上拉网络连接电源，通常在 CMOS 电路中亦是如此。重离子轰击 NMOS 器件后，与单个 NMOS 漏极电压恒定不同的是，N 管的漏极存在一个 SET 电压脉冲。

反相器链输入端为高电平时，N1 管的漏极处于高电平，高电平的 N1 管漏极受到重离子轰击，混合模拟仿真得到 N1 管的源、漏极电流曲线，以及 N1 管漏极的电压变化如图 7-17 所示。与单管相比，反相器链 N1 管的 SET 电流小很多。单管的漏极瞬态电流峰值为 3.36mA，而 N1 管的电流峰值仅为 2.5mA，两者相差 25.5%。OUT 端电压脉冲如图 7-18 所示，可看出，由于 N1 管瞬态脉冲的出现，经过 5 级反相器链的传播，OUT 端的电压由 0 升高至 0.94V。

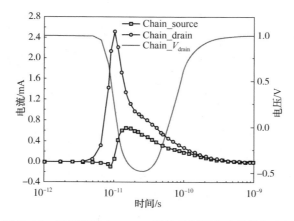

图 7-17   反相器链中 NMOS 器件的源漏电流及漏极电压

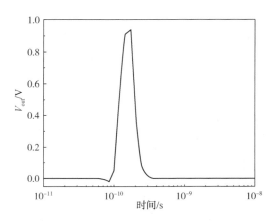

图 7-18　反相器链输出端的电压脉冲

　　与单管模拟结果不同，由于寄生双极放大效应，单管的源极电流为负，加剧了 SET 的电荷收集；而 N1 管的源极电流只有在重离子入射瞬间为负，而后即变为正，意味着源极在 SET 电荷收集中是有益的。分析单管与反相器链的 SET 现象，区别就在于 N1 管的漏极电压可变。由图中的漏极电压曲线也可看出，在重离子入射后 1ps 左右漏极电压变为 0V，源极电流为正值且逐渐增加，而 15ps 后漏极电压下降至 −0.5V，此后源极电流一直为正。

　　分析源极正电流出现的原因，截取 NMOS 器件在重离子入射前、入射后 1ps、入射后 15ps 的静电势分布。其中，源极、漏极电势分别取沿源极和漏极中心位置处 $x = 0.08\mu m$ 垂直切割线的电势，取栅氧化层下方 5nm 处沿着源–沟道–漏水平切割线处的电势分布，结果如图 7-19 所示。由于金属半导体接触电势差的存在，源极电势不为 0，$V_{source} = 0.6V$，重离子入射前的漏极电势也不是所接高电平电压 1.0V，$V_{drain} = 1.6V$。

　　由漏极静电势垂直分布图 7-19(a) 可看出，漏极 P-N 结电势在重离子入射之后坍塌，在 1ns 时已经由 1.6V 下降至 0.7V，体区电势升高；而随着漏极电势继续降低，15ns 时已降低至 0V 以下，体端电势也随之降低；由源极静电势垂直分布图 7-19(b) 可看出，由于源极接触电势差的影响，源极电势一直保持在 0.6V 左右，即使 P 阱电势上升，源–体结仍然维持反偏。如图 7-19(c) 所示沿源极至漏极切割线的静电势分布进一步说明，在离子入射 1ps 后，N1 管的漏极电势迅速下降，沟道处的电势上升，但仍小于源极电势，而 15ps 后，N1 管漏极的电势继续下降，沟道电势也随着漏极电势的下降而下降，此时源极电势>漏极电势>沟道电势。

　　根据图 7-19 源级、沟道、漏级电势的变化解释源极正电流的原因。重离子入射 N1 管后，漏极电势崩塌，在重离子轨迹上电离产生了大量的电子空穴对，形成圆柱状的等离子体，阱区电势随漏极电场的扩展略有升高，但源极电势始终高于阱区电势，源–体结维持反向偏置，因此源极开始收集电子；而随着漏极吸收等离子体中的电子，漏极电势随之降低，体区电势也随着漏极电势的降低而降低，源极电势>漏极电势>沟道电势，源极的正向电流随之增大；后随着漏极电势逐渐恢复，漏极和源极的电荷收集主要为扩散电流。

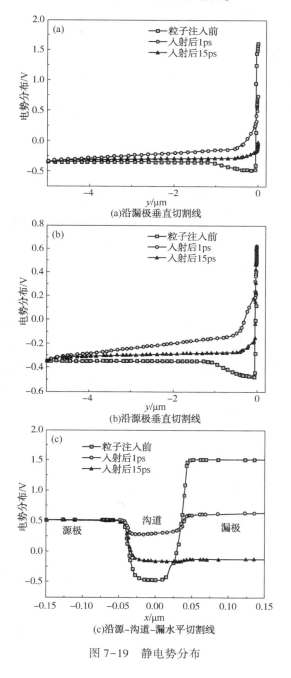

(a)沿漏极垂直切割线

(b)沿源极垂直切割线

(c)沿源-沟道-漏水平切割线

图 7-19　静电势分布

7.5 不同重离子能量下的单粒子瞬态

7.5.1 电离损伤参数提取

前节研究了重离子能量为 10MeV 时不同厚度氮化硅膜的 NMOS 器件的单粒子瞬态,证明随着氮化硅膜的厚度增大,氮化硅膜的阻挡作用增强,单粒子 SET 电荷收集减弱。但对于不同的重离子能量入射,氮化硅膜是否都有明显的阻挡作用,需要进行下一步研究。

计算得到不同重离子能量下,200nm 的氮化硅膜厚度的能量损失见表 7-5。可以看出,随着能量增加,200nm 氮化硅膜厚度对应的能量损失也随之增加。因此对于不同能量的重离子入射,氮化硅膜均起到一定的阻挡作用。

表 7-5 不同重离子能量下,200nm 氮化硅膜厚度对应的能量损失

E/MeV	1	5	10	30
E_l/keV	186.81	662.25	1130.36	1890.12
占总能量百分比	18.68%	13.24%	11.30%	6.30%

进一步研究氮化硅膜对重离子入射后 SET 电荷收集的作用,利用 TRIM 分别研究不同能量的入射重离子在 Si_3N_4/Si 材料和 Si 材料的电离损伤情况。氮化硅厚度为 200nm、500nm,Si 材料厚度设置为 10μm,Si_3N_4 材料密度为 $3.44g/cm^3$,Si 材料密度为 $2.33g/cm^3$。取能量为 1MeV、5MeV、10MeV、30MeV。粒子数设置为 1000,得到电离损伤随深度的分布如图 7-20 所示。

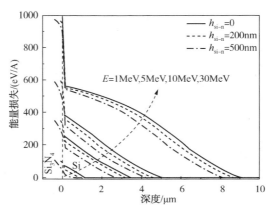

图 7-20 不同能量的重离子电离损伤随深度分布图

电离损伤程度即表征的是 *LET* 的变化。由图 7-20 可以看出，对于不同厚度的氮化硅膜，由于厚度不同，导致降低 *LET* 值的程度不同，但都满足同样的规律，即：对于不同的重离子能量入射，Si_3N_4/Si 材料的电离损伤程度均小于 Si 层的电离损伤程度，即由于 Si_3N_4 膜的阻挡作用降低了 *LET* 值。而随着重离子能量的增加，Si_3N_4/Si 与 Si 的电离损伤的差距逐渐缩小。

7.5.2　不同重离子能量下的单粒子瞬态研究

为分析不同重离子能量下单轴应变 Si NMOS 器件的电荷收集过程，取氮化硅膜厚度为 200nm 进行研究。根据得到的重离子在材料中的电离能损数值，利用公式（7-1）将电离能损进行密度归一化，得到材料在重离子入射后不同深度的 *LET* 值。将 *LET* 值代入构建的器件仿真模型中，利用 Sentaurus TCAD 模拟能量为 1MeV、5MeV、10MeV、30MeV 的入射重离子在器件内部的单粒子瞬态，器件处于关态，漏极电压 $V_{ds} = 1V$，仿真结果如图 7-21 所示，表 7-6 为不同能量的重离子入射后器件的电流峰值和收集电荷。

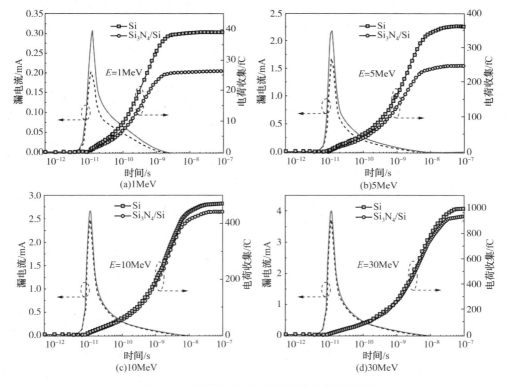

图 7-21　重离子能量的瞬态脉冲和收集电荷

表 7-6   不同能量下应变与非应变器件的收集电荷

能量/MeV	电流峰值/mA		收集电荷/fC		
	应变	非应变	应变	非应变	下降百分比
1	0.20	0.31	26.21	38.98	32.76%
5	1.68	2.18	247.22	361.51	31.61%
10	2.50	2.67	440.90	469.31	6.05%
30	3.91	4.06	939.80	995.06	5.55%

由图 7-21 可知，在能量较小时，氮化硅膜的阻挡作用很显著，有氮化硅膜阻挡的应变器件的 SET 峰值电流和收集电荷都明显小于非应变器件。在能量为 1MeV 时，峰值电流分别为 0.21mA 和 0.31mA，相差 30%，而收集电荷为 26.21fC 和 38.98fC，相差 32.76%；能量为 5MeV 时，峰值电流相差 22.9%，收集电荷相差 31.61%。在大能量重离子入射时，由于氮化硅膜的厚度仅为几百纳米，重离子入射速度很高，应变器件和非应变器件瞬态电流相差较小，但由于应变器件体内的 LET 值仍小于非应变器件，导致应变器件的收集电荷仍小于非应变器件，在 30MeV 时，应变器件与非应变器件的收集电荷相差 5.55%。综上，对于不同能量的重离子入射器件，能量越小，重离子入射器件的深度越浅，氮化硅膜的阻挡能力越强，即氮化硅膜对重离子入射后的电荷收集起到了缓解作用。

7.6   本章小结

本章研究了单轴应变结构的引入对单粒子瞬态的影响。主要利用基于蒙特卡罗方法的 SRIM 分析氮化硅膜对重离子入射后电离损伤的影响，并提取电离损伤参数，使用 Sentaurus TCAD 模拟研究氮化硅膜对电荷收集情况的影响。结果表明，氮化硅膜对重离子入射的能量阻挡随着氮化硅膜厚度的增加线性增加；研究不同厚度的氮化硅膜对 SET 电荷收集的影响，氮化硅膜厚度越大，瞬态电流脉冲越小，收集电荷越小。厚度为 500nm 的氮化硅膜能使瞬态电流脉冲下降 18.32%，收集电荷下降 22.92%，这说明氮化硅膜越厚，对重离子的阻挡能力越强，SET 电荷收集越弱。对于不同能量的重离子，应变器件的瞬态电流脉冲和收集电荷均小于非应变器件，1MeV 时，氮化硅膜使得应变器件的收集电荷下降了 32.76%，30MeV 时，应变器件的收集电荷下降了 5.55%，说明氮化硅膜对不同能量的重离子入射均起到了缓解作用。

8

应变Si NMOS器件
单粒子效应及加固技术研究

随着应变 Si MOS 器件集成器件及电路技术在空间、军事等领域的广泛应用，目前 MOS 器件特征尺寸已进入纳米时代。运行在空间中的卫星、航天器等以 MOS 器件为核心的微电子器件及集成电路受外太空总剂量辐照及高能单粒子的轰击后可靠性问题愈加显著。单粒子辐照效应对 MOS 器件的损伤机制与总剂量射线辐照不同，高能单粒子轰击 MOS 器件，在靠近漏极的耗尽区产生大量的电子-空穴对，导致器件失效而无法正常运行，故对 MOS 器件单粒子效应及加固技术的研究与总剂量辐照效应的研究同等重要且不能忽视。因此，研究小尺寸应变 Si MOS 器件的单粒子辐照特性及设计抗单粒子效应的新型器件结构成为近年来国内外研究的热点与重点之一。

为此，本章首先进行纳米应变 Si MOS 器件的单粒子瞬态效应的仿真分析并验证漏斗效应的正确性(包括器件漏极偏置、沟道长度、单粒子辐照注入位置、温度等参量与器件损伤之间的关系)；其次，提出抗辐照加固的单轴应变 Si 纳米 MOS 器件新型器件结构。模拟仿真结果表明，与正常结构器件及已报道加固结构相比，新型器件结构的抗单粒子辐照能力显著增强。因此，本章研究内容为今后应变 Si 集成器件的单粒子效应可靠性及电路应用提供了有益的理论参考。

微电子器件灵敏区被某个高能粒子轰击后导致器件的工作状态发生异常的辐射效应，该效应被称为单粒子效应(SEE)，其中包括单粒子锁定、单粒子栅击穿、单粒子烧毁、单粒子翻转等，由于空间辐射造成的单粒子翻转效应是最常见和最典型的一种，主要发生在数据存储或指令相关器件中。若单粒子翻转效应是单个高能粒子轰击半导体 MOS 器件的敏感区，与器件内部的粒子发生碰撞作用而失去能量。高能粒子使衬底 Si 材料电离产生电子-空穴对，这些电子-空穴对被 MOS 器件漏极收集，产生漏极瞬态电流，引发器件的逻辑发生异常变化，如图 8-1 所示。若上述情况发生在空间中运行的卫星、航天器的电路中，则直接影响其工作性能甚至发生故障。

若单个高能粒子轰击半导体 MOS 器件的敏感区域，与器件内的粒子碰撞而失去能量，根据能量守恒原理，导带中的电子跃迁是由于高能粒子的能量损失而产生非平衡载流子，故在高能粒子路径中产生电子-空穴对，在该过程中用$-\mathrm{d}E/\mathrm{d}x$(电离能量损失率)来表征电离和激发引起的能量损失，它是指入射粒子在单位长度以 Mev/cm 为单位沉积的能量，其表达式为：

$$-\frac{\mathrm{d}E}{\mathrm{d}x} = \frac{4\pi}{m_e c^2}\frac{nz^2}{\beta^2}\left(\frac{e^2}{4\pi\varepsilon_0}\right)^2\left[\ln\left(\frac{2m_e c^2 \beta^2}{I\cdot(1-\beta^2)}\right)-\beta^2\right] \tag{8-1}$$

式中，m_e、z、i、c、β 分别是电子质量、入射粒子的电荷数、目标物质原子

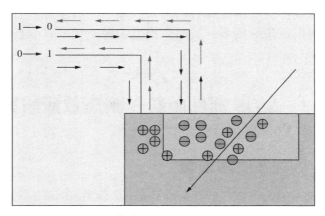

图 8-1　单粒子翻转效应引起逻辑变化的示意图

的平均电离势、光速以及入射粒子速度与光速的比值。n 是由目标密度、目标质量数和原子系数共同确定的一个系数。为了获得辐射领域的线性能量转移（LET，Linear energy transfer）定义，则对能量损失率 $-\mathrm{d}E/\mathrm{d}x$ 进行归一化，得到表达式如下：

$$LET = \frac{1}{\rho} \frac{\mathrm{d}E}{\mathrm{d}x} \qquad (8-2)$$

对于常规硅材料，在已知电离能损失率或线性能量转移值以及硅的平均电离能的情况下，则可计算出单位路径电离产生的电子-空穴对数：

$$\frac{\mathrm{d}N}{\mathrm{d}x} = \frac{\mathrm{d}P}{\mathrm{d}x} = \frac{|\ \mathrm{d}E/\mathrm{d}x\ |}{W_{\mathrm{Si}}} = \frac{\rho}{3.6\mathrm{eV/pair}} \cdot LET \qquad (8-3)$$

在 TCAD 软件中进行器件辐射效应仿真时基本采用线性能量转移值（LET）另一单位，故将其两者关系进行换算如下：

$$1\mathrm{pC/\mu m} = \frac{1\times10^{-12}\mathrm{C}}{1.6\times10^{-19}\mathrm{C/pair}} \cdot \frac{3.6\mathrm{eV/pair}}{\rho\times10^{6}} \cdot 10^{4}\mathrm{cm} = 96.608\mathrm{MeV}\cdot\mathrm{cm}^{2}/\mathrm{mg}$$

$$(8-4)$$

如果外部存在电场或电势的变化，则将使感生的电子-空穴对在其作用的方向上发生分离及载流子的定向移动，进而被器件漏极收集，传统的电荷收集机理主要包括漏斗效应、漂移收集等。

因此，有效地抑制或尽可能减少该事件的发生，可以加强外太空运行的卫星及航天器的可靠性。故对 MOS 器件抗单粒子瞬态效应的加固技术提出要求，目前的漏加固结构，但其结构在 45nm 节点失效；N+埋层加固结构，只针对 PMOS 器件管适用，且引起 NMOS 器件管双极放大效应愈加显著；三阱加固结构，其结构也将引起 NMOS 器件管双极放大效应的加剧，从而引起单粒子瞬态效应的增大。基于以上对已报道加固结构的分析，本章首先通过计算机模拟仿真获得器件漏极偏置、沟道长度、单粒子辐照注入位置、温度等参量与器件损伤之间的关系；其次，提出一种更优的抗单粒子瞬态效应的新型器件结构。

8.2 MOS 器件单粒子瞬态效应研究

8.2.1 器件结构及物理模型

图 8-2 是单轴应变 Si NMOS 器件单粒子效应原理图。单粒子效应作为航天器中电子元器件面临外太空的辐射效应之一，单粒子瞬态效应成为国内外各研究机构及学者的研究热点。器件结构以及工艺参数如下：沟道长度 $L=50$nm，宽度 $W=3\mu m$，源/漏区域结深 $R_j=25$nm，沟道中应力 $T=1$GPa，源/漏区域掺杂浓度为 $5e20cm^{-3}$，等效栅介质厚度约为 1nm。具体的模拟仿真被分为两部分进行。首先通过以下所示的泊松方程、电流方程以及连续性方程求得稳态解，即不考虑单粒子入射的影响；其次，加入单粒子效应模型使器件中产生大量的电子空穴对求得瞬态解。

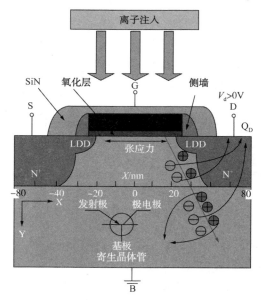

图 8-2 单轴应变 Si MOS 器件单粒子效应机理示意图

$$J_n = qD_n \frac{\partial n}{\partial x} + qu_n nE \tag{8-5}$$

$$J_p = qD_p \frac{\partial p}{\partial x} + qu_p pE \qquad (8-6)$$

$$\frac{\partial J_n}{\partial x} = q \frac{\partial n}{\partial t} + qR(p, n) \qquad (8-7)$$

$$\frac{\partial J_p}{\partial x} = -q \frac{\partial p}{\partial t} - qR(p, n) \qquad (8-8)$$

$$\frac{\partial E}{\partial x} = \frac{q}{\varepsilon_{si}}(p - n + N_D - N_A) \qquad (8-9)$$

利用 Sentaurus TCAD 软件进行器件仿真，为了更精确地研究纳米尺度的 MOS 器件的单粒子瞬态效应，添加了小尺寸模型、SRH 和 Auger 复合，禁带宽度变窄及迁移率模型等。

以下是 Sentaurus TCAD 中 Sdevice 模块添加的单粒子效应模型语句：

HeavyIon（

length = 0.030   粒子入射深度

time = 1e−11   粒子入射时间

direction = (0, −1, 0)   粒子入射方向

location = (@location@, 0.0, 0.030)   粒子入射位置

wt_hi = 0.015   粒子入射半径

let_f = 0.02   粒子入射 LET 值

Gaussian   产生的电子空穴对满足高斯分布

Picocoulomb ）   表示 LET 值的单位为 pC/μm

式中，w_{t_hi} 和 L_{ength} 的默认单位都是 cm，let_f 单位为 pairs/cm³，如果加入 Pi-coCoulomb，w_{t_hi} 和 L_{ength} 单位变为 μm，则 let_f 单位为 pC/μm。

8.2.2　仿真结果与分析

图 8-3 是单粒子注入单轴应变 Si 纳米 NMOS 器件内部电势分布的仿真模拟图。注入位置是 0.00μm，LET 值是 0.02pC/μm。图 8-3 给出了单轴应变 Si 纳米 NMOS 器件在 0ps、1ps、5ps、10ps、20ps 以及 50ps 时刻的电势分布。由图 8-3 可看出，0ps 为重离子入射前电势的分布；1ps 为粒子入射的起初阶段，此刻粒子入射到漏端，产生的电场区沿着重离子的运动径迹形成，并且延伸至衬底区；20ps 后，电场区逐渐衰弱；达到 50ps 时，单粒子辐照产生的电场完全消失。因此，由图 8-3 可得出，电荷漏斗模型与计算机的仿真模拟结果相吻合，证实了模型漏斗效应的正确性。

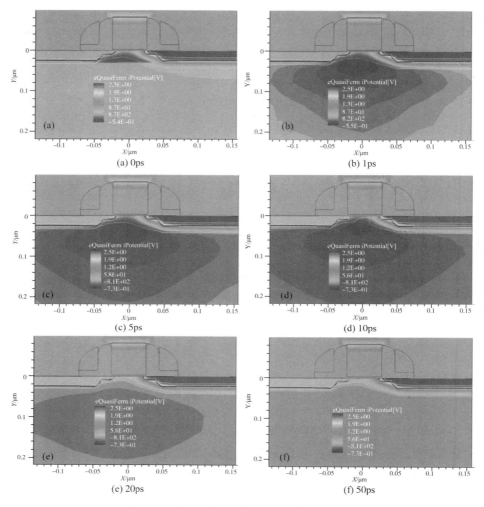

图 8-3　粒子入射时刻的电势等位线分布图

图 8-4 和图 8-5 分别为在不同漏极偏置下，瞬态电流及收集电荷的变化趋势和电场的分布。由图 8-4 可看出，随着漏极偏置电压的增大，单粒子瞬态电流峰值越高，脉冲宽度越大。根据单粒子瞬态电流的机制，漏极电压的增大，不仅增大了耗尽区漂移电流，而且增大了漏斗漂移电流和双极放大效应。此外，还可以看出不论漏极电压的大小变化，漏极瞬态电流最终值都降为 0，这也说明漏极电压的变化对扩散电流没有影响。由图 8-5 可知，漏极电压越大，漏斗电场越大，从而通过漏斗电场以及双极放大效应，更多的电荷被漏极收集。因此，漏极电压越大，单粒子瞬态电流峰值越高，脉冲越宽，以至于器件的单粒子翻转越容易发生。

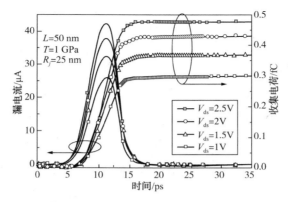

图 8-4　不同漏极偏置下瞬态电流和收集电荷的变化趋势

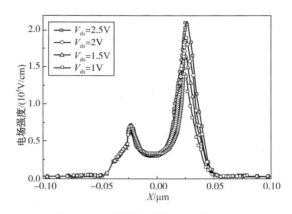

图 8-5　不同漏极偏置下电场分布

　　随着半导体工业的快速发展，器件尺寸不断缩减导致器件的单粒子效应越来越敏感。随着沟道长度的减小，寄生晶体管的基区变薄，从而基区与集电区之间的空间电荷区域电场越大，集电区收集的电荷越多，导致集电极（漏极）电流越大。图 8-6 和图 8-7 分别是在不同沟道长度下，漏极瞬态脉冲电流的变化趋势及源/漏电流比较。由图 8-6 可知，漏极瞬态脉冲电流随着沟道长度的减小而增大。表 8-1 给出了栅长为 50nm 和 120nm 源极和漏极的瞬态电流的大小比较。由图 8-6 和表 8-1 可知，随着沟道长度的减小，寄生晶体管产生的电流更多，因此可得知寄生晶体管双极放大效应更显著。

表 8-1　源漏电流对比（L=50nm 和 L=120nm）

沟道长度/nm	漏极电流/μA	源极电流/μA	百分比/%
L=50	29.7	23.8	80.1
L=120	22.6	11.4	50.4

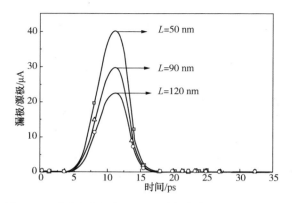

图 8-6　不同沟道长度下漏极瞬态脉冲电流的变化趋势

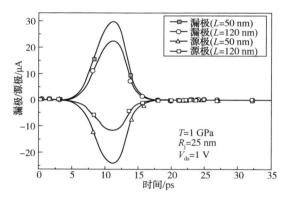

图 8-7　不同沟道长度下，单粒子效应下漏/源极电流变化趋势

图 8-8 和图 8-9 分别是不同注入位置的电场分布以及漏极瞬态电流分布。由图 8-8 可看出，电场强度最大的位置是 $X = 25$nm。同时由图 8-9 可知，单粒子瞬态电流最大时的位置也是 $X = 25$nm。因此，由图 8-8 和图 8-9 可知，对于该器件的单粒子效应的敏感位置是 $X = 25$nm。此外，由图 8-9 可看出，$X = 0.00$nm 处的电流值稍微高于 $X = 45$nm 处，这可以解释为：该点所处的位置正好是栅极正中心，则高浓度的漏区没有被单粒子轰击，从而降低了复合电流。由图 8-9 还可看出，注入位置离敏感区越近，漏极瞬态电流越大。

图 8-10 和图 8-11 显示了 SET 脉冲宽度以及漏极收集电荷随温度的变化关系曲线。由图 8-10 可知，脉冲的半峰宽度以及漏端的收集电荷随着温度的升高而增加。漏极电压受到漏端收集电荷影响，即受到瞬态电流的影响。此外，电荷收集及脉冲宽度与温度的关系趋势具有一致性。禁带宽度随着温度的升高而变窄，故引起漏极的收集电荷增多。Si 材料中禁带宽带变窄模型为：

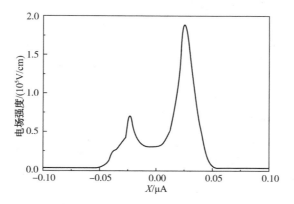

图 8-8　不同注入位置的电场分布

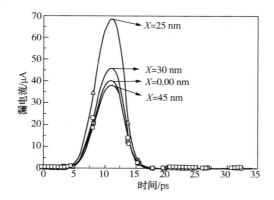

图 8-9　不同注入位置的漏极瞬态电流变化关系

$$E_g = E_g(0) - \alpha T^2/(T + \beta) \qquad (8-10)$$

式中，T、$E_g(0)$、α 以及 β 分别表示的是绝对温度、温度为 0K 时的禁带宽度以及材料参数。在 Si 材料中，离子注入所产生的电子空穴对所需要消耗的能量为：

$$\varepsilon = 2.2E_g(T) + 0.96E_g^{1.5}(T)\exp\left[\frac{0.75E_g(T)}{T}\right] \qquad (8-11)$$

根据公式（8-10）和（8-11），可以计算电荷收集随着温度从 0~150℃ 的变化量，虽然收集电荷随着温度的增加，增加量相对小，但温度对 SET 脉冲宽度的影响不是主要的因素。早期的研究已经证实，SET 脉冲会随着温度的升高而增宽，主要是由于双极放大效应随温度的升高而增强。一方面，衬底与栅极下的体接触电阻随着温度的升高而增大，导致体电势升高以及双极放大效应增强；另一方面，温度升高会引起寄生晶体管 β 值的增大。

为了计算在一定范围内外加电压下的收集电荷，器件需要工作在亚阈状态。图 8-12 给出了 SET 脉冲宽度、收集电荷与外加电压的关系。由图 8-12 可知，

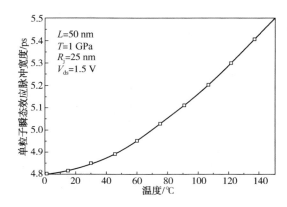

图 8-10　SET 脉冲宽度随温度的变化关系

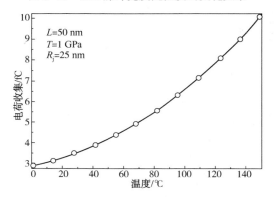

图 8-11　漏极的收集电荷随温度的变化关系

随着外加电压的增加漏极收集电荷越大，而 SET 脉冲宽度越窄。漏极的电荷收集主要依赖于漏斗区域的电场强度，随着外加电压的减小，到达漏极的电荷需要时间越长，因此增宽了脉冲宽度但减小了收集电荷。

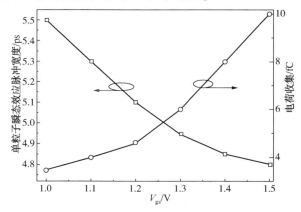

图 8-12　SET 脉冲宽度及收集电荷与外加电压的变化关系

8.3 总剂量辐照对单粒子瞬态效应影响

8.3.1 总剂量效应模型参数提取

NMOS 器件进行 γ 射线总剂量辐照前后的 *I–V* 转移特性如图 8–13 所示。可以看出，辐照后阈值电压负向漂移，这是由于辐照引入了氧化层空穴陷阱和界面态，且 NMOS 器件中，由于辐射产生的氧化层陷阱电荷密度大于界面态陷阱电荷密度，因此阈值电压负漂，器件泄漏电流增加。分析实验数据发现，随辐照总剂量的增大，阈值电压漂移量减少，这可以解释为：当辐照总剂量大于一定值时，氧化层陷阱正电荷和界面态电荷趋于饱和，其能量更多地作用于衬底中，从而对平带电压的影响较小，最终导致阈值电压漂移变小。

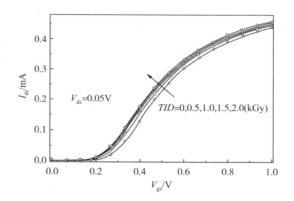

图 8–13 总剂量辐照前后的 I_{ds}–V_{gs} 曲线

氧化层陷阱电荷密度 N_{ot} 和界面态电荷密度 N_{it} 通过中带电压法计算得到，公式如下：

$$\Delta N_{ot} = -\frac{\varepsilon_{ox}}{qt_{ox}}\Delta V_{mg} \qquad (8-12)$$

$$\Delta N_{it} = -\frac{\varepsilon_{ox}}{qt_{ox}}(\Delta V_{th} - \Delta V_{mg}) \qquad (8-13)$$

式中　　ΔV_{mg}——辐照前后中带电压的变化量；

　　　　ΔV_{th}——辐照前后阈值电压的变化量。

求解结果见表 8–2。

表 8-2　总剂量辐照诱导产生的氧化层陷阱电荷密度以及界面态电荷密度

TID/kGy	0.5	1	1.5	2
N_{ot}/cm^2	4.12×10^{11}	6.83×10^{11}	7.81×10^{11}	8.34×10^{11}
N_{it}/cm^2	1.45×10^7	2.83×10^7	4.53×10^7	5.92×10^7

8.3.2　总剂量效应与单粒子效应耦合仿真

为研究总剂量效应对单粒子效应的影响，首先在不加总剂量辐照的情况下，对器件进行不同 LET 值的单粒子仿真。仿真时不考虑氧化层陷阱电荷和界面态，仿真结果如图 8-14 所示。可以看出，漏极瞬态电流及收集电荷随着 LET 值的增大而增大，LET 表征的是带电粒子在单位长度上淀积的能量，LET 值越大，Si 材料中就会产生更多的电子空穴对，从而导致漏极收集电流和收集电荷增多，仿真结果与理论相符。

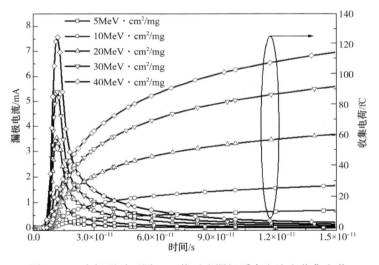

图 8-14　未辐照时不同 LET 值对应漏极瞬态电流和收集电荷

研究分析了 Si NMOS 器件在不同总剂量辐照情况下的单粒子效应，模拟仿真辐照总剂量为 0.5kGy 和 2kGy 条件下的单粒子效应，总剂量对应的氧化层陷阱电荷密度和界面态电荷密度见表 8-2，在氧化层中均匀分布，仿真时将氧化层陷阱电荷密度和界面态电荷密度加入仿真模型中进行耦合仿真，结果如图 8-15 和图 8-16 所示。

图 8-17 为不考虑总剂量辐照、辐照总剂量为 0.5kGy 和 2kGy 的应变 Si NMOS 器件单粒子效应下，漏极瞬态电流脉冲峰值和收集电荷的对比图。从图中

可以看出，在同等重离子注入条件下，漏极瞬态电流峰值随总剂量水平的增加而增加，但增加量较小，漏极收集电荷随总剂量水平的增加而大幅增加。

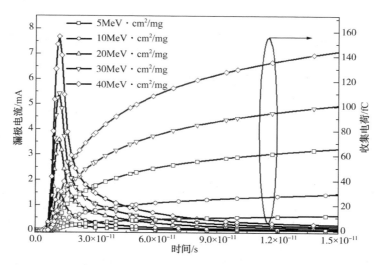

图 8-15　辐照(0.5kGy)后，不同 *LET* 值对应漏极瞬态电流和收集电荷

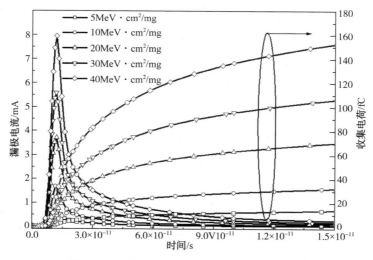

图 8-16　辐照(2kGy)后，不同 *LET* 值对应漏极瞬态电流和收集电荷

为研究漏极电流瞬态峰值和收集电荷增加的原因，提取 $LET=40\text{MeV}\cdot\text{cm}^2/\text{mg}$ 时不同总剂量水平下，漏极电流脉冲最大时的沟道电势变化($t=13\text{ps}$)，和脉冲拖尾(扩散阶段)的体电势变化($t=60\text{ps}$)，结果如图 8-18 和图 8-19 所示。从图 8-18 可以看出，总辐照剂量由 0 增加至 2kGy，沟道区的电势增量很小，与原始粒子诱导的电流相比对峰值电流的贡献很小，因此漏极 SET 电流脉冲峰值的增

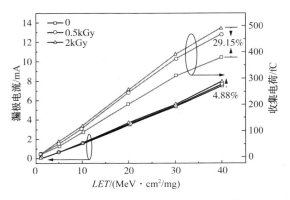

图 8-17　辐照前后，不同 *LET* 值对应漏极瞬态电流峰值和收集电荷示意图

量很小，与图 8-17 的结果一致。而收集电荷的大小还取决于拖尾扩散电流，从图 8-19 可以看出，总辐照剂量的增大会造成氧化层空穴陷阱的堆积，从而造成 NMOS 器件体电势的升高，影响到漏极 SET 电流的拖尾部分，即加剧了扩散电流的收集，最终造成收集电荷的增多。

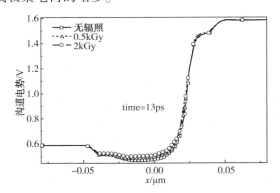

图 8-18　不同总辐照剂量的沟道电势变化(距栅氧层 5nm 处)

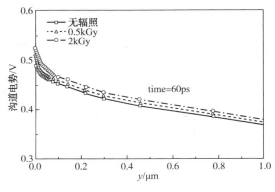

图 8-19　不同总辐照剂量的体电势变化

8.4   U 形沟槽新型加固器件结构

对器件进行单粒子效应仿真研究与分析的目的是设计出更优的抗单粒子辐照新型器件结构，上一节通过对应变 Si 纳米 MOS 器件单粒子效应的损伤机制以及各种因素对 MOS 器件单粒子瞬态电流的影响，可知单粒子瞬态电流是影响 MOS 器件正常工作的主要原因，由于较大的漏极瞬态电流可引发单粒子翻转事件，导致电路逻辑变化发生软错误，即高速/高性能的应变 Si MOS 器件受到空间辐射或核辐射时，其高性能的特性将会大大减弱，因此，设计出抗单粒子辐照的新型器件结构势在必行。本节提出一种具有抗单粒子辐照的沟槽新型 MOS 器件结构，该结构可以降低 MOS 器件单粒子瞬态效应，为应变 Si 集成器件的单粒子效应可靠性及电路应用提供了重要的理论依据。

8.4.1   新型加固结构

半导体器件的敏感区受到单个粒子轰击后，会导致在其轨迹上的半导体材料发生电离，从而产生电子-空穴对，在漏斗电场作用下电荷被漏极收集，则引起瞬时漏电流增高，即引发了单粒子瞬态效应。本文提出的沟槽加固结构目的是利用沟槽结构的电场分布影响附加漏极的电势分布从而增加其收集量，故减少了漏极所收集的电荷。

图 8-20 给出了沟槽加固结构的部分剖面示意图，沟槽加固结构的 NMOS 管与常规 NMOS 管的作用及电学特性具有一致性，即在电路中沟槽加固结构的 NMOS 管可以被看作常规 NMOS 管。附加电极区处于 NMOS 管漏极区域周围，其掺杂类型及掺杂浓度与漏极相同，附加电极与 V_{DD} 相连。附加电极区主要是分摊漏极吸收的电子，从而使单粒子瞬态效应对漏极的影响减小。此外，在沟槽加固结构的漏极与附加电极之间采用了阈值电压调节掺杂技术已达到隔绝二者之间电势的影响，且覆盖一层绝缘层起到保护作用。重点是在附加漏极区附近制作沟槽结构，其用多晶 Si 填充沟槽里并施加正电压。该沟槽结构的作用机理是通过沟槽电场分布影响了附加漏极的电势分布，从而使得附加漏极区吸收更多的电子，更大程度减少了漏极的吸收电荷。

基于 50nm 工艺节点的新型加固结构模型为：整个结构被建立在 P 型 Si 衬底上，其包含四个区域：阱区、NMOS 管区、附加电极区及沟槽区，D_1、D_2 和 D_3 为三个电极区，包围着 NMOS 管区的漏极，其掺杂浓度和掺杂类型与漏极相同，其有效长度为 50nm 与沟道有同等的有效长度，见图 8-20 中的蓝色条纹。俯视剖面图如图 8-21 所示，在 D_1 区域的下方制作沟槽结构，其填充 N 型多晶 Si。

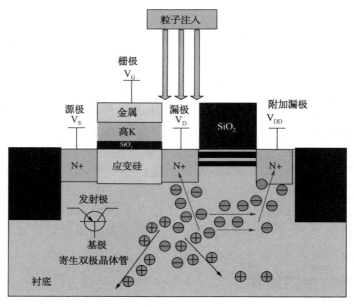

图 8-20　沟槽加固结构剖面示意图

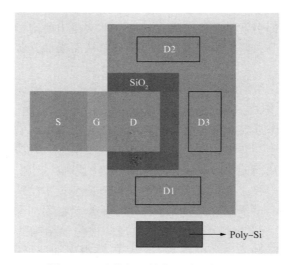

图 8-21　沟槽加固结构的俯视剖面图

　　图 8-22 给出了沟槽加固结构的电势分布图。由图 8-22 可明显看出，沟槽结构的引入影响了附加漏极电势分布及电场分布，由于沟槽结构的存在，附加漏极电势线下移。因此，可以预测由于单粒子效应在阱中产生的电子向上移动时，首先会受到沟槽结构周围的电场作用从而将电子输运至附加漏极而被收集，减少了漏极的收集量。

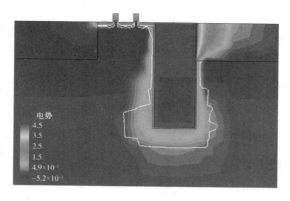

图 8-22　沟槽加固结构电势分布剖面图

图 8-23 表示的是矩形及圆形沟槽结构对单粒子瞬态效应的影响。由图 8-23 明显看出，不论哪种沟槽结构，漏极的瞬态电流随着 *LET* 值的增大而增大。此外，还发现矩形沟槽结构的瞬态电流比圆形沟槽结构小，也就是说沟槽加固结构抗单粒子辐照性能更好，主要是由于矩形沟槽的面积大对电子的吸收效果更好。由图 8-23 可知，矩形沟槽加固结构比圆形沟槽结构抗单粒子辐照效果更好，矩形沟槽加固结构进行改进，利用沟槽结构将附加漏极全包围，这样新的加固结构对附加漏极电势分布的影响更大。图 8-24 和图 8-25 分别为常规 NMOS 器件管与新结构的转移特性和输出特性曲线比较图。由图 8-24 和 8-25 可看出，新结构与常规 NMOS 器件管的曲线基本重合，说明新结构具有良好的电学特性曲线。因此，该新加固结构器件可用于之后的数值模拟仿真。

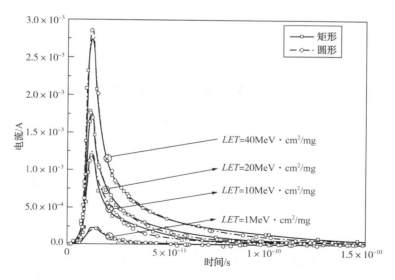

图 8-23　不同沟槽结构对单粒子瞬态效应的影响

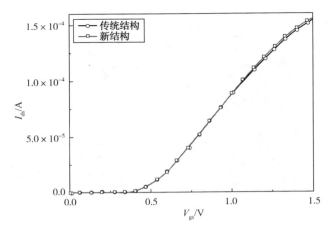

图 8-24　常规 MOS 器件与新加固结构的转移特性比较图

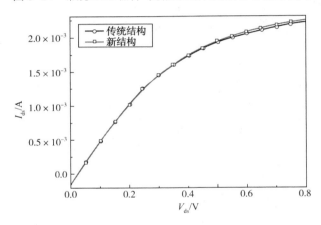

图 8-25　常规 MOS 器件与新加固结构的输出特性比较图

8.4.2　新型加固器件结构对单粒子瞬态效应的影响

图 8-26 是入射粒子垂直撞击常规 NMOS 管、漏墙加固结构以及新型结构的漏极因单粒子效应引起漏极脉冲宽度的变化趋势。由图 8-26 可看出，随着 LET 值的增大脉冲宽度（W_{SET}）随之增大，此外，发现新加固结构产生的单粒子瞬态电流的半高峰宽度比漏墙加固结构窄，主要是由于新结构的沟槽结构辅助附加漏极吸收了较多的电子，故很大程度降低了漏极的吸收，即新结构漏极的脉冲脉冲宽度较窄。

图 8-27 及 8-28 分别表示 LET 值为 40MeV·cm^2/mg 时，入射粒子垂直撞击常规 NMOS 管、漏墙加固结构以及新型结构的漏极因单粒子效应引起漏极瞬态电流及电荷收集的变化趋势。由图 8-27 及 8-28 可明显看出，在单粒子辐照的条件下，相比于传统结构，漏墙加固结构以及新结构的漏极收集电荷及瞬态电流更

小，进一步发现沟槽加固的新结构比传统结构的瞬态电流及电荷收集分别下降了35.22%和37.15%，说明新结构抗单粒子辐照效果更显著。

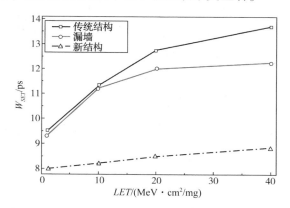

图 8-26　常规 NMOS 管、漏墙加固结构以及新结构的脉冲宽度变化趋势

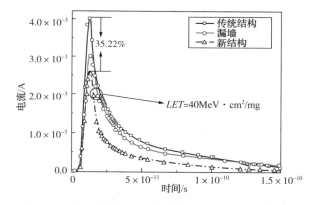

图 8-27　常规 NMOS 管、漏墙加固结构以及新结构的漏极瞬态电流变化趋势

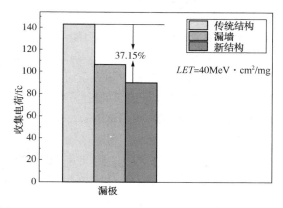

图 8-28　常规 NMOS 管、漏墙加固结构以及新结构的漏极收集电荷变化趋势

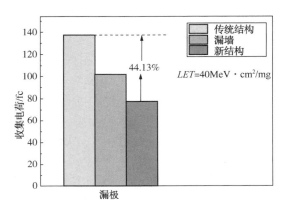

图 8-29　-50℃常规 NMOS 管、漏墙加固结构以及新结构的漏极收集电荷变化

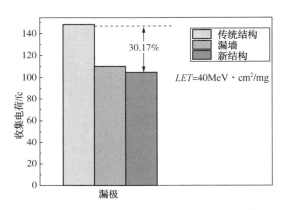

图 8-30　150℃常规 NMOS 管、漏墙加固结构以及新结构的漏极收集电荷变化

以上模拟单粒子效应的仿真环境温度都是在常温下进行的，即半导体器件在常温下工作。然而，实际在外太空中工作的半导体器件，由于受到各种因素的影响将在极端温度下工作，则此时的单粒子瞬态效应会有所变化。图 8-29 和图 8-30 分别给出了温度在-50℃以及 150℃下，常规 NMOS 管、漏墙加固结构以及新结构的漏极收集电荷变化。由图 8-29 可以看出，低温下新结构的漏极收集电荷比传统结构下降 44.13%，主要是由于低温下，载流子的迁移率以及寿命增大，而双极放大效应减小，导致新结构降低的电荷量比较明显。由图 8-30 可以看出，高温下新结构的漏极收集电荷比传统结构下降 30.17%。当半导体器件工作在高温条件下，载流子的迁移率以及寿命减小，而双极放大效应增强，因此，相对于低温条件下新结构降低的电荷量不是很明显。由图 8-29 及图 8-30 明显可知，不论在高温还是低温条件下，新型结构器件对抗单粒子瞬态效应能力具有显著优势。

该新型加固结构器件的关键工艺技术如下所述：首先，基于第 3 章的优化制造工艺方案，制造出单轴应变 Si 纳米沟道 NMOS 器件区域；其次，在 NMOS 器件的漏极周围制作附加电极区，其掺杂浓度及掺杂类型与漏极相同，附加电极与 V_{DD} 相连；最后，在附加漏极区周围制作 U 形沟槽结构，其用多晶 Si 填充沟槽里并施加正电压 V_{DD}。由于附加电极区以及 U 形沟槽面积非常小，因此，从工艺的实现难度以及面积的增加角度考虑，该新型加固结构具有可制造性，同时该加固结构的抗单粒子辐照效应显著，故本章研究的具有 U 形沟槽的加固结构器件为今后应变 Si 集成器件的单粒子效应可靠性及电路应用提供了有益的理论参考。

8.4.3　漏极扩展加固结构

反偏 P–N 结为单粒子效应的敏感区域，在 NMOS 器件中，漏极为敏感区。在入射粒子撞击之后，沿着粒子轨迹电离产生电荷，漏极区域收集产生的电荷，则会引起单粒子瞬态的发生。漏极扩展的目的是利用一个辅助的电极帮助漏极区域吸收产生的电子空穴对，减少漏极电荷的收集，从而减弱单粒子瞬态效应的发生。

漏极扩展加固结构的原理图如图 8–31 所示，左侧是 NMOS 器件区域，NMOS 管是需要加固的器件，与常规 NMOS 管功能相同。在 NMOS 右边的区域是附加的电极区域，将漏极区域扩展作为附加电极，连接至 V_{ds}。漏极扩展的掺杂类型与漏极相同，漏极扩展与漏极之间的掺杂与沟道掺杂一致，因此制作时扩展区域与 NMOS 器件的工艺是相同的。

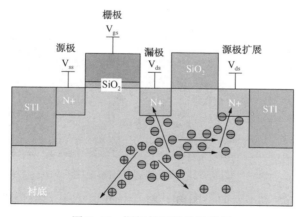

图 8–31　漏极扩展结构示意图

在入射粒子撞击之后，沿着粒子轨迹电离产生电荷，一部分电子会通过漏斗辅助漂移、扩散被漏极收集，发生单粒子瞬态产生大电流；另一部分，由于漏极扩展为 N+掺杂，且电极连接至 V_{ds}，因此漏极扩展也会吸收电离产生的电子。从而弱化了漏极的单粒子电荷收集。

8.4.4　源极扩展加固结构

从双极效应的讨论可知，在反相器链中，由于 NMOS 管的漏极是通过上拉的 PMOS 管与电源相连，与单管漏极直接与电源相连不同。在入射粒子轰击反相器链中的 NMOS 管时，NMOS 管的漏极存在一个电压脉冲。正是由于漏极电势的降低，导致体电势随之降低，因此源-体结维持反偏，且源极电势>漏极电势>体电势，源极在电荷收集中起到了帮助漏极分担电荷的作用，这与单管是完全相反的。

基于反相器中源极的正向电流作用，可引入源极扩展结构，如图 8-32 所示。在器件的左侧为普通的 NMOS 区，是需要加固的器件，与普通 NMOS 功能一致。右侧是扩展源区，源极扩展与 NMOS 管的源极掺杂一致，与源极电极相同连接至 V_{ss}。NMOS 管与上拉的 PMOS 组成反相器，在入射粒子轰击漏极区域后，由于漏极电势的迅速降低且源-体结维持反偏，因此源极帮助漏极分担电离产生的电荷，增加的源极扩展电极与源极的作用是一致的，因此漏极收集的电荷会减少。

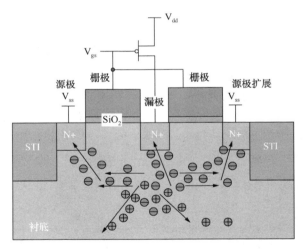

图 8-32　源极扩展结构示意图

源极扩展后的布局中有两个源极，相当于两个 NMOS 器件并联，因此为保持原来的电流大小，NMOS 器件的宽度减小一半，版图布局如图 8-33 所示。对于反相器的加固单元，加固后的并联 NMOS 器件与传统的布局相比，有两个优点：第一，漏极面积减少一半，因此 SET 敏感区域相应减小；第二，源极分裂位于漏极的两侧，其影响是源极可以在粒子撞击器件漏极后从两侧收集电离电子，从而与传统的结构相比，源极在收集电离电子方面更有效率。因此，漏极处收集到的电荷会减少，达到加固的目的。

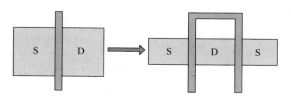

图 8-33 并联的 NMOS

8.5 两种加固结构的仿真

8.5.1 漏极扩展结构仿真

50nm 的 NMOS 器件的漏极扩展加固结构模型为：50nm 的 NMOS 器件建立在 $4\mu m \times 4\mu m \times 10\mu m$ 的 P 型 Si 衬底上，采用双阱 CMOS 技术，结构包含阱区和 NMOS 管有源区。掺杂分布与前文掺杂一致以匹配 IV 曲线，扩展漏区与漏极掺杂一致，漏极扩展的距离与沟道长度相等为 50nm，阱接触与 NMOS 的距离为 0.4μm，阱接触的尺寸为 500nm×4μm。在漏极扩展与漏极之间使用的是起保护作用的 SiO_2，构建出的结构如图 8-34 所示。

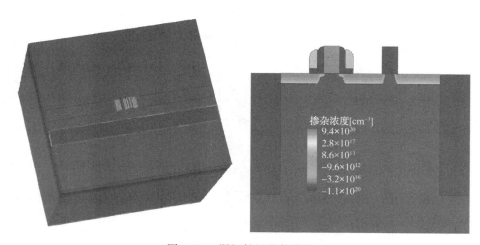

图 8-34 漏极扩展器件模型

本书首先根据利用 TCAD 对上述所建 50nm 的漏极扩展器件模型进行单粒子数值模拟，以研究其漏极的电荷收集情况，并与常规 NMOS 器件进行对比。物理模型设置与前文相同，仿真 *LET* 值为 5MeV · cm^2/mg、10MeV · cm^2/mg、20MeV · cm^2/mg、40MeV · cm^2/mg 的漏极电流情况，如图 8-35 所示。

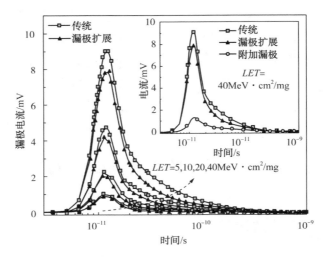

图 8-35　常规 NMOS 与漏极扩展结构 SET 电流

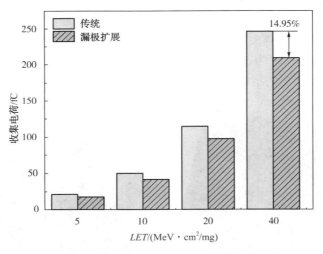

图 8-36　常规 NMOS 与漏极扩展结构收集电荷

由图 8-35 可看出，不论 LET 值为何值，漏极扩展结构的漏极电流都是小于常规的 NMOS 管，附图截取出 $LET=40\text{MeV} \cdot \text{cm}^2/\text{mg}$ 的电流情况，可看出，附加的漏极在入射粒子轰击器件后，电流为正值，导致漏极收集的电流降低，说明附加的漏极对于漏极的电荷收集起到了缓解作用。并且随 LET 值的增大，漏极扩展结构与常规 NMOS 器件的漏极电流差距逐渐增大，因此漏极扩展结构对 SET 电流具有减弱的作用。对图 8-35 的 SET 电流分别进行积分，得到常规 NMOS 与漏极扩展结构在不同 LET 值对应的收集电荷，如图 8-36 所示。由图可看出，对于不同的 LET 值，漏极扩展结构的收集电荷均小于常规 NMOS 器件，在 LET 为

$40 MeV \cdot cm^2/mg$ 时，两者的收集电荷相差 14.95%，说明漏极扩展结构对于单粒子瞬态的加固效果很明显。

将漏极扩展结构用于反相器链中，NMOS 器件通过上拉的 PMOS 管与电源 V_{dd} 相连，附加的漏极直接与电源 V_{dd} 相连，示意图如图 8-37 所示。仿真得到 SET 电压脉冲宽度对比如图 8-38 所示。

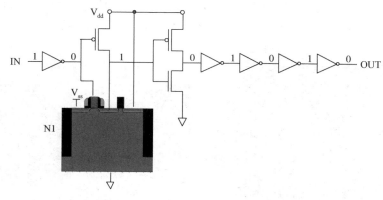

图 8-37　漏极扩展结构用于反相器链

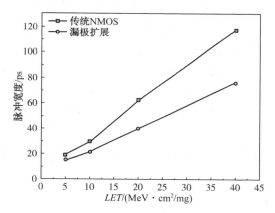

图 8-38　漏极扩展与传统 NMOS 在反相器中的 SET 电压脉冲宽度对比

由图 8-38 可看出，在同样的入射条件下，粒子轰击器件漏极，经过 7 级反相器链传播后，对于不同的 *LET* 值，漏极扩展加固后的器件的 SET 脉冲宽度都小于传统的 NMOS 器件，说明漏极扩展结构在反相器中也有很好的加固效果。当 $LET = 20\ MeV \cdot cm^2/mg$，传统的 NMOS 管 SET 脉宽为 62.41ps，漏极扩展的 SET 脉宽为 40.56ps，下降了 35.01%；$LET = 40\ MeV \cdot cm^2/mg$ 时，传统 NMOS 管的 SET 脉宽为 117.21ps，漏极扩展的 SET 脉宽为 76.35ps，下降了 34.85%。

8.5.2　源极扩展结构仿真

50nm 的 NMOS 器件的源极扩展加固结构模型为：50nm 的 NMOS 器件建立在 $4\mu m\times4\mu m\times10\mu m$ 的 P 型 Si 衬底上，采用双阱 CMOS 技术，结构包含阱区和 NMOS 管有源区。掺杂分布与前文掺杂一致以匹配 $I-V$ 曲线，扩展漏区与漏极掺杂一致，源极扩展的距离与沟道长度相等为 50nm，阱接触与 NMOS 的距离为 $0.4\mu m$，阱接触的尺寸为 500nm×4μm。构建出的结构如图 8-39 所示。

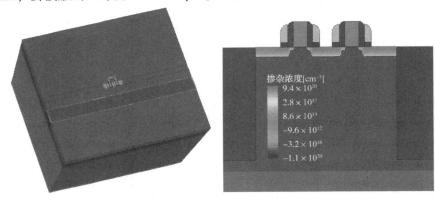

图 8-39　源极扩展器件模型

由前文可知，源极扩展结构是针对漏极未与电源直接相连，而是通过上拉的 PMOS 管与电源相连，在 CMOS 电路中大多是这样。因此对源极扩展结构进行仿真，将其用于最简单的 CMOS 电路——反相器中，两栅极相连，源极与附加的源极接至 V_{ss}，连接示意图如图 8-40 所示。利用 TCAD 进行数值模拟仿真，仿真时物理模型与前文相同，LET 设置为 5MeV · cm²/mg、10MeV · cm²/mg、20MeV · cm²/mg、40MeV · cm²/mg，观察 SET 脉冲，并与传统 CMOS 结果进行对比，结果如图 8-41 所示。

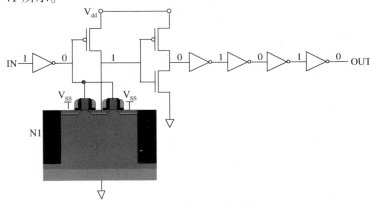

图 8-40　源极扩展结构用于反相器链

如图 8-41 所示，在入射粒子轰击 NMOS 器件后，漏极端产生了 SET 脉冲，经过源极扩展结构的加固，漏极区域减小一半，且由于漏极电势降低，两个源极在电荷收集过程中帮助漏极分担电离产生的电子，因此对于不同 LET 值的粒子入射，与传统 NMOS 相比，源极扩展加固后产生的 SET 电压脉冲宽度有很明显的减小。这说明源极扩展结构对于 SET 有缓解的作用。当 $LET = 20$ MeV·cm²/mg，传统的 NMOS 管 SET 脉宽为 62.41ps，漏极扩展的 SET 脉宽为 46.86ps，下降了 24.91%；$LET = 40$ MeV·cm²/mg 时，传统 NMOS 管的 SET 脉宽为 117.21ps，漏极扩展的 SET 脉宽为 89.38ps，下降了 23.73%。

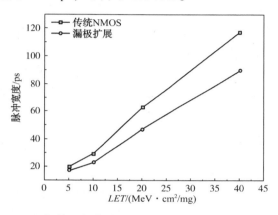

图 8-41　源极扩展与传统 NMOS 在反相器中的漏极电压脉冲

为分析源极扩展结构中源极的加固作用，仿真得到源极扩展 NMOS 中 OUT 端的脉冲宽度的实际减少情况，如图 8-42 所示。对于传统结构的宽度为 150nm 和 300nm 的 NMOS 器件，两者器件宽度相差一半，敏感区面积也相差一半，但是两者的 SET 脉冲宽度几乎没有太大的差别，这也说明，仅仅减少漏极区域面积几乎不能降低 SET 脉冲宽度，因此源极是降低源极扩展结构 NMOS 中脉冲宽度的关键因素。

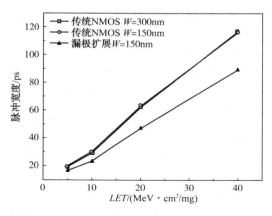

图 8-42　传统 NMOS 和源极扩展 NMOS 的脉冲宽度

8.5.3 两种结构的对比和讨论

源极扩展与漏极扩展的加固结构,都是通过一个附加的电极区域帮助漏极吸收电离产生的电荷,漏极扩展结构适用于单个器件及电路,源极扩展结构仅适用于漏极不与电源直接相连,与上拉 PMOS 管相连的电路中。将两个结构的加固效果进行对比,结果如图 8-43 所示。

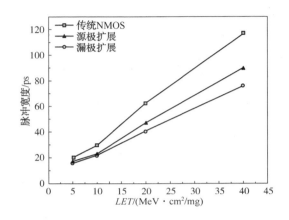

图 8-43   两种加固结构 SET 脉宽对比

由图 8-43 可以看出,与传统的 NMOS 管的相比,漏极扩展结构和源极扩展结构都可以有效地减少 NMOS 管的 SET 脉冲宽度。LET 值为 40MeV·cm^2/mg 的重离子入射后,传统布局的 NMOS 管脉宽为 117.21ps,而在源极扩展结构和漏极扩展结构中脉宽仅为 89.38ps 和 76.35ps,分别降低了 23.73% 和 34.85%。

分析原因,截取重离子轰击后的静电势分布如图 8-44 所示,由图 8-44(a) 可看出,在重离子轰击后,源极和扩展源极的电势均高于漏极,且源–体结、扩展源–体结均维持反偏,因此扩展源极结构取得有效的 SET 加固效果。扩展漏极与扩展源极相比,如图 8-44(b) 所示,在重离子轰击后,源–体结维持反偏,而扩展漏–体结的反偏程度比扩展源–体结反偏程度更高。

比较传统的 NMOS 结构,源极扩展结构是利用在反相器中 NMOS 管的特性,即源极电势始终高于体电势,源–体结反偏,源极可帮助漏极吸收电离电子,因此增加附加的源极扩展电极,即增加了一个源极同样接至 V_{ss},两个源极分布在漏极两边帮助漏极分担电离产生的电荷。漏极扩展结构是通过增加附加的漏极扩展电极,将其接至高电平 V_{dd},利用其强反偏的 P–N 结帮助漏极吸收电离电子,且同反相器链结构的 NMOS 管特性相同,源极在单粒子事件当中起到有益的作用,相当于附加的漏–体结以及原有的源–体结,都会帮助漏极分担电荷。综上，重离子轰击器件导致漏极电势崩塌，在重离子轨迹上电离产生的大量的电子空穴对在被漏极吸收的同时，附加的电极由于电势高于漏极也会吸收电子，而漏极扩展电极的电势高于源极扩展电极，因而分担的电荷也多于后者，从而漏极 SET 电荷收集越弱，即漏极扩展电极的加固效果更强。

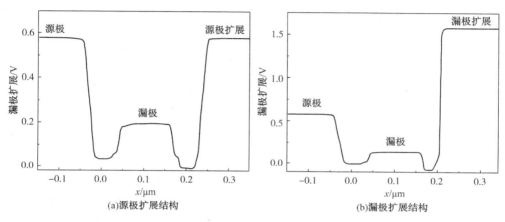

(a)源极扩展结构　　　　　　　　(b)漏极扩展结构

图 8-44　静电势分布(重离子轰击后 13ps 处的切割线)

根据前文的结果，可知两种加固结构都可有效地降低 SET 脉冲。前文对于漏极扩展和源极扩展结构，都只引入了一个附加电极，若不考虑面积的因素，两种加固结构都可进行进一步的改进。如图 8-45、图 8-46 所示，将漏极扩展和源极扩展引申为环形结构，环形结构中附加电极的面积更大，将整个 NMOS 器件包围，因此可以更多地帮助漏极分担产生的电子，加固效果更好。对其在 7 级反相器链中进行仿真，仿真条件与前文一致，结果如图 8-47 所示。

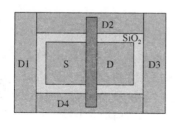

图 8-45　漏极扩展的环形结构
（环漏结构）

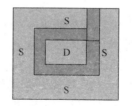

图 8-46　源极扩展的环形结构
（环栅结构）

由图 8-47 可看出，环形结构对 SET 的脉宽有很明显的抑制作用，环漏结构和环栅结构比单电极扩展的加固效果更强。LET 值为 40MeV · cm²/mg 的重离子入射后，传统布局的 NMOS 管脉宽为 117.21ps，而在环漏结构和环栅结构中脉宽为 72.63ps 和 56.56ps，分别降低了 38.03% 和 51.74%。

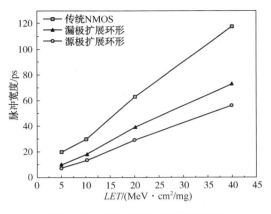

图 8-47　环形结构 SET 脉宽对比

8.6　本章小结

　　本章首先揭示了单轴应变 Si 纳米 MOS 器件的单粒子辐照微观损伤机制，进行了应变 Si 纳米 NMOS 器件的单粒子瞬态效应的仿真分析(器件漏极偏置、沟道长度、单粒子辐照注入位置、温度等参量与器件损伤之间的关系)并验证了漏斗效应的正确性；其次，基于该损伤机制与 U 形沟槽结构电场对附加漏极的电势分布影响，增强附加漏极对电荷的收集能力，故提出抗辐照加固的单轴应变 Si 纳米 MOS 器件新型器件结构(U 形沟槽结构)，研究结果发现，该新型加固器件与传统结构相比，抗单粒子辐照能力增强 35.22%。此外，还研究分析了针对 NMOS 器件的两种加固结构，即漏极扩展加固结构和源极扩展加固结构。对两种加固结构的加固机理进行仿真分析，并把两种加固效果进行对比分析。结果表明：两种结构都是通过引入的附加电极分担电离产生的电荷从而达到加固的效果，与常规 NMOS 器件相比，漏极扩展结构和源极扩展结构对于 SET 都起到了有效的加固作用。并且在反相器链中，漏极扩展结构的加固效果更明显，LET 值为 40MeV·cm^2/mg 的重离子入射后，源极扩展结构和漏极扩展结构使得 SET 脉宽分别降低了 23.73% 和 34.85%，环栅和环漏结构分别使 SET 脉宽降低了 51.74% 和 38.03%。该新型加固器件为今后应变 Si 集成器件的单粒子效应可靠性及电路应用提供了有益的理论参考。

9

总结与展望

微电子元器件是航天事业的重要核心部分，运行在空间的人造卫星、航天器和工作在核辐照环境的电子系统被暴露在外太空中，而空间辐射及核辐射环境对这些高性能的电子元器件产生的辐射影响，极大程度降低了系统的可靠性。为了满足芯片的高速集成，并且遵循摩尔定律，器件需要进一步缩小至纳米尺寸，以CMOS 器件等比例缩小为原则的 Si 集成电路技术已迈入纳米尺度，应变 Si 技术由于工艺简单、成本低、与传统 Si 工艺更兼容、带隙可调、迁移率高等优势被广泛应用于集成电路中。随着应变技术的快速发展，应变集成器件及电路在极端条件尤其是辐照条件下的应用将会越来越多，随之而来的可靠性问题愈发显著，相对于双轴应变，单轴应变以更适用于 CMOS 集成电路制造且成本较低的优势已被广泛应用，因此对单轴应变 Si 纳米 MOS 器件辐照特性及加固技术的研究是当前的热点与重点。

本书首先研究了总剂量辐照条件下单轴应变 Si 纳米 NMOS 器件电学特性的退化模型并对其进行了实验验证；其次，通过软件仿真对单轴应变 Si 纳米 NMOS器件的单粒子瞬态效应进行了仿真分析；最后，基于单粒子辐照对器件的损伤机制与物理模型，提出了抗辐照加固的新型器件结构。本书的具体研究工作及重要结论如下：

（1）单轴应变 Si 纳米沟道 MOS 设计与制备。重点研究了应变 Si 材料能带结构应力演化规律，拟采用工艺致应力的方法在器件沟道中引入应力，应用器件仿真软件研究了应力与工艺的相关性，提出了 30nm、40nm、50nm 三种沟道尺寸的单轴应变 Si MOS 优化结构，并提出了优化的工艺方案。基于该方案，制备出了性能满足实验要求的器件样品。其中，应变 Si 纳米 NMOS 与弛豫 Si 纳米 NMOS相比，器件驱动能力性能平均提升了 229.8%；应变 Si 纳米 PMOS 与弛豫 Si 纳米PMOS 相比，器件驱动能力性能平均提升了 168.8%。为后续辐照研究的开展奠定了重要的"物质基础"。

（2）研究了总剂量辐照下单轴应变 Si 纳米沟道 MOS 阈值电压的特性。考虑到总剂量辐照对平带电压的影响以及器件尺寸减小所致的物理效应，求解二维泊松方程，获得了 MOS 沟道内的二维电势分布，建立了总剂量辐照条件下单轴应变 Si NMOS 器件二维的阈值电压模型，分析了总剂量、沟道应力、漏极电压以及沟道中掺杂浓度等因素对阈值电压的影响。同时给出了跨导以及归一化的电子迁移率随总剂量的变化关系。并进行了单轴应变 Si NMOS 器件总剂量辐照的实验测试，研究结果表明模型的计算结果与实验结果基本吻合，验证了所建模型的正确性。为研究纳米级单轴应变 Si NMOS 集成器件可靠性及电路的应用提供重要的理论依据及实践基础。

（3）研究了总剂量辐照下单轴应变 Si 纳米沟道 MOS 热载流子栅电流。基于总剂量辐照的损伤机制以及沟道热载流子的产生机制，建立了总剂量辐照条件下单轴应变 Si NMOS 器件热载流子栅电流模型，探究了总剂量、沟道长度、沟道宽度、栅介质材料、栅介质厚度、沟道应力、栅极电压、漏极电压以及沟道中掺杂浓度等因素对栅电流的影响，同时利用辐照实验数据对所建立的模型进行了验证。对于今后应变集成电路应用以及单轴应变 Si 纳米 NMOS 辐照可靠性设计及应用提供了有效参考。

（4）研究了总剂量辐照下单轴应变 Si 纳米沟道 MOS 隧穿栅电流。基于总剂量辐照下单轴应变 Si 纳米 NMOS 在载流子的微观输运机制以及量子机制建立了小尺寸单轴应变 Si NMOS 在 γ 射线辐照下栅隧穿电流模型，应用 Matlab 对该模型进行了数值模拟仿真，分析了总剂量、器件几何结构参数、材料物理参数等对栅隧穿电流的影响。该模型数值仿真结果与单轴应变 Si 纳米 NMOS 的总剂量辐照实验结果比较吻合，从而验证了模型的有效性与正确性。为今后应变集成电路应用以及单轴应变 Si 纳米 NMOS 辐照可靠性设计及应用提供了有效参考。

（5）研究了单轴应变 Si 纳米沟道 MOS 的单粒子瞬态效应并提出加固方法。首先揭示了单轴应变 Si 纳米 MOS 的单粒子辐照微观损伤机制，进行了纳米应变 Si MOS 器件的单粒子瞬态效应的仿真分析（器件漏极偏置、沟道长度、单粒子辐照注入位置、温度等变量与器件损伤之间的关系）并验证了漏斗效应的正确性；其次，基于该损伤机制与物理模型，进一步提出了抗辐照加固的单轴应变 Si 纳米 MOS 新型器件结构。此外，针对 NMOS 器件的两种加固结构，即漏极扩展加固结构和源极扩展加固结构，对两种加固结构的加固机理进行仿真分析，并把两种加固效果进行对比分析。两种结构都是通过引入的附加电极分担电离产生的电荷从而达到加固的效果，与常规 NMOS 器件相比，漏极扩展结构和源极扩展结构对于 SET 都起到了有效的加固作用。并且在反相器链中，漏极扩展结构的加固效果更明显，*LET* 为 40MeV·cm^2/mg 的重离子入射后，源极扩展结构和漏极扩展结构使得 SET 脉宽分别降低了 23.73% 和 34.85%，环栅和环漏结构分别使 SET 脉宽降低了 51.74% 和 38.03%。仿真结果表明，与正常结构器件及已报道加固结构相比，新型器件结构的抗单粒子辐照能力显著增强。为今后纳米应变 Si 集成器件单粒子效应可靠性及电路应用提供了理论技术参考。

在本书的研究工作中，首先提出了优化的单轴应变 Si 纳米 MOS 工艺方案，基于该方案制备出了性能满足实验要求的器件样品；其次，考虑到总剂量辐照对平带电压的影响以及器件尺寸减小所致的物理效应，求解二维泊松方程，获得了 MOS 沟道内的二维电势分布，建立了总剂量辐照条件下单轴应变 Si NMOS 器件二维的阈值电压模型，同时基于量子机制建立了栅隧穿电流及热载流子栅电流模型，搭建了总剂量辐照实验平台，验证了单轴应变 Si 纳米 MOS 总剂量辐照阈值电压等电学特性模型；单轴应变结构的引入对单粒子瞬态效应的影响，采用蒙特卡罗方法分析氮化硅膜对重离子入射能量损失的影响并建立模型，提取了重离子的电离损伤参数并利用 TCAD 模拟分析器件的电荷收集情况；最后，基于单粒子效应的损伤机制与物理模型，提出了抗辐照加固的单轴应变 Si 纳米 MOS 新型器件结构。虽然本书有一定的创新性成果，但仍存在一些问题，下面几点是本书研究方向的后续工作，需要更深入的研究分析。

（1）本书重点研究了总剂量辐照对单轴应变 Si 纳米 MOS 中栅氧化层的影响，对总剂量辐照在侧墙以及 STI 层引入的氧化层陷阱电荷缺少考虑，后续工作应完善该理论研究以及进行实验验证。

（2）本书研究的总剂量辐照在单轴应变 Si 纳米 MOS 的栅氧化层引入氧化层陷阱电荷采用一维模型，可能会影响模型计算的正确性，后续对纳米 MOS 器件总剂量效应引入的陷阱电荷应建立二维模型。

（3）本书着重研究单轴应变 Si 纳米 NMOS 器件的单粒子瞬态效应，缺少探究单粒子效应对简单电路的影响，下一步工作可进行反相器链的单粒子效应研究。

（4）本书对于单粒子辐射的分析研究主要是基于仿真，虽然理论与仿真结果能够很好地吻合，但未进行实际辐照实验的验证，这是本书研究的缺陷。因此在保证器件的建模和数值仿真精确的前提下，下一步需要进行相关实验的验证。且由于时间和内容的限制，本书只研究了单轴应变结构引入对 N 型 MOS 器件单粒子瞬态的影响，对于 P 型 MOS 器件未进行仿真分析。此外，本书只对重离子的单粒子效应进行了分析，对于 α 粒子和质子等粒子对器件造成的影响未进行讨论，下一步可以对此进行深入研究。鉴于笔者水平有限，诸多方面还有待提升。

参考文献

[1] Vandenbosch G A E. Recent Antenna and Propagation Research in the Benelux Antennas and Propagation around the World [J]. IEEE Antennas & Propagation Magazine. 2013, 55(5): 309-323.

[2] Samson Jr. , John, Grobelny Eric, Driesse – Bunn, et al. New millennium program space technology 8 dependable multiprocessor: Technology and technology validation [J]. Journal of Spacecraft and Rockets. 2012, 49(6): 1043-1057.

[3] Chetty Indrin J, Martel Mary K, Jaffray David A, et al. Technology for Innovation in Radiation Oncology [J]. International Journal of Radiation Oncology Biology Physics. 2015, 93(3): 485-492.

[4] Fujita Keisuke, Shirai Hiroshi. On the radiation efficiency of homogeneous antennas [C]. International Symposium on Antennas and Propagation, Conference Proceedings. 2015, 247-248.

[5] Qin Wenmin, Wang Lunche, Lin Aiwen, et al. Comparison of deterministic and data-driven models for solar radiation estimation in China [J]. Renewable and Sustainable Energy Reviews. 2018, 81, 579-594.

[6] Li Hongzhou, Yang Zhaojun. Xu Binbin, et al. Reliability Evaluation of NC Machine Tools considering Working Conditions [J]. Mathematical Problems in Engineering. 2016, 2016, 1-11.

[7] Ávila, S. F. Reliability analysis for socio-technical system, case propene pumping [J]. Engineering Failure Analysis. 2015, 56, 177-184.

[8] Chen Zhenzhong, Li Xiaoke, Chen Ge, et al. A probabilistic feasible region approach for reliability-based design optimization [J]. Structural and Multidisciplinary Optimization. 2018, 57(1): 359-372.

[9] Thoudam, Satyendra. Gamma rays from Fermi bubbles as due to diffusive injection of Galactic cosmic rays [J]. Nuclear Instruments and Methods in Physics Research, Section A: Accelerators, Spectrometers, Detectors and Associated Equipment. 2014, 742, 224-227.

[10] Uji Hirotaka, Ito Taichi, Matsumoto Mitsuaki, et al. Prevailing Photocurrent Generation of D-π-A Type Oligo(phenyleneethynylene) in Contact with Gold over Dexter-Type Energy-Transfer Quenching [J]. Journal of Physical Chemistry A. 2016, 120 (8): 1190-1196.

[11] Li Wenbin, Yuan Sijian, Zhan, Yiqiang, et al. Tuning Magneto – photocurrent between Positive and Negative Polarities in Perovskite Solar Cells [J]. Journal of Physical Chemistry C. 2017, 121(17): 9537–9542.

[12] Wang Hongguang, Wei Jinquan, Jia Yi Li, et al. Improve photocurrent quantum efficiency of carbon nanotube by chemical treatment [J]. Materials Chemistry and Physics. 2012, 131(3): 680–685.

[13] Ahmad Shahab, Kanaujia Pawan K, Beeson, Harry J, et al. Strong Photocurrent from Two–Dimensional Excitons in Solution–Processed Stacked Perovskite Semiconductor Sheets [J]. ACS Applied Materials and Interfaces. 2015, 7 (45): 25227–25236.

[14] Burghard, Marko, Mews, Alf. High–resolution photocurrent mapping of carbon nanostructures [J]. ACS Nano. 2012, 6(7): 5752–5756.

[15] Chakrabarty Sankalpita, Chakraborty Koushik, Laha Arnab, et al. Photocurrent generation and conductivity relaxation in reduced graphene oxide $Cd_{0.75}Zn_{0.25}S$ nanocomposite and its photocatalytic activity [J]. Journal of Physical Chemistry C. 2014, 118 (48): 28283–28290.

[16] Consoli Elio, Giustolisi Gianluca, Palumbo Gaetano. An accurate ultra–compact I–V model for nanometer MOS transistors with applications on digital circuits [J]. IEEE Transactions on Circuits and Systems I: Regular Papers. 2012, 59(1): 159–169.

[17] Koroteev Victor O, Bulushev Dmitri A, Chuvilin Andrey L, et al. Nanometer–sized MOS clusters on graphene flakes for catalytic formic acid decomposition[J]. ACS Catalysis. 2014, 4(11): 3950–3956.

[18] Wang Shanshan, Li Huashan, Sawada Hidetaka, et al. Atomic structure and formation mechanism of sub – nanometer pores in 2D monolayer MOS [J]. Nanoscale. 2017, 9(19): 6417–6426.

[19] Price Katherine M, Schauble Kirstin E, McGuire Felicia A, et al. Uniform Growth of Sub–5–Nanometer High–κ Dielectrics on MOSUsing Plasma–Enhanced Atomic Layer Deposition[J]. ACS Applied Materials and Interfaces. 2017, 9(27): 23072–23080.

[20] Lahgere Avinash, Kumar, Mamidala Jagadesh. 1 – T Capacitorless DRAM Using Bandgap–Engineered Silicon–Germanium Bipolar I–MOS[J]. IEEE Transactions on Electron Devices. 2017, 64(4): 1583–1590.

[21] Y. S. Puzyrev, T. Roy, E. X. Zhang, et al. Radiation–Induced Defect Evolution and Electrical Degradation of AlGaN/GaN High – Electron – Mobility Transistors [J]. IEEE TRANSACTIONS ON NUCLEAR SCIENCE. 2011, 58(6): 2918–2924.

[22] G. P. Summers, E. A. Burke, P. Shapiro, S. R. Messenger, et al. Damage correlations in semiconductors exposed to gamma radiation, electron–radiation and proton–radiation[J]. IEEE Trans. Nucl. Sci. 1993, 40(6): 1372–1379.

[23] J. R. Srour, C. J. Marshall, and P. W. Marshall. Review of displacement damage

effects in silicon devices [J]. IEEE Trans. Nucl. Sci. 2003, 50(3): 653–670.

[24] J. Nord, K. Nordlund, and J. Keinonen. Molecular dynamics study of damage accumulation in GaN during ion beam irradiation [J]. Phys. Rev. B. 2003, 68, 1841041–1841047.

[25] A. Ionascut – Nedelcescu, C. Carlone, A. Houdayer, et al. Radiation hardness of gallium nitride [J]. IEEE Trans. Nucl. Sci. 2002, 49(6): 2733–2738.

[26] B. D. White, M. Bataiev, L. J. Brillson, B. K. Choi, et al. Characterization of 1.8 MeV proton irradiated AlGaN/GaN field – effect transistor structures by nanoscale depth–resolved luminescence spectroscopy [J]. IEEE Trans. Nucl. Sci. 2002, 49 (6): 2695–2701.

[27] B. D. White, M. Bataiev, S. H. Goss, X. Hu, et al. Electrical, spectral, and chemical properties of 1.8 MeV proton irradiated AlGaN/GaN HEMT structures as a function of proton fluence [J]. IEEE Trans. Nucl. Sci. 2003, 50(6): 1934–1941.

[28] X. Hu, A. P. Karmarkar, B. Jun, D. M. Fleetwood, et al. Proton–irradiation effect on AlGaN/Al/GaN high electron mobility transistors [J]. IEEE Trans. Nucl. Sci. 2003, 50(6): 1801–1806.

[29] G. Sonia, F. Brunner, A. Denker, et al. Proton and heavy ion irradiation effects on AlGaN/GaN HFET devices [J]. IEEE Trans. Nucl. Sci. 2006, 53(6): 3661–3666.

[30] J. R. Srour and J. W. Palko. A framework for understanding displacement damage mechanisms in irradiated silicon devices [J]. IEEE Trans. Nucl. Sci. 2006, 53(6): 3610–3620.

[31] Bersch E, LaRose J, D Wells I, et al. Multi–technique Approach for the Evaluation of the Crystalline Phase of Ultrathin High–k Gate Oxide Films [C]. In Frontiers of Characterization and Metrology for Nanoelectronics: 2011, 23–26 May 2011, USA, 2011, 154–160.

[32] Shu–Jau C and Jenn–Gwo H. Comprehensive Study on Negative Capacitance Effect Observed in MOS (n) Capacitors With Ultrathin Gate Oxides [J]. IEEE Transactions on Electron Devices. 2011, 58(3): 684–690.

[33] Tsujikawa S., Kanno M. and Nagashima N. Reliable Assessment of Progressive Breakdown in Ultrathin MOS Gate OxidesToward Accurate TDDB Evaluation [J]. IEEE Transactions on Electron Devices. 2011, 58(5): 1468–1475.

[34] Lin C. N, Yang Y. L., Chen W. T., et al. Effect of strain – temperature stress on MOS structure with ultar–thin gate oxide [J]. Microelectronic Engineering. 2008, 85 (9): 1915–1919.

[35] Bendib T., Djeffal F. and Arar D. Subthreshold behavior optimization of nanoscale Graded Channel Gate Stack Double Gate (GCGSDG) MOS using multi–objective genetic algorithms [J]. Journal of Computational Electronics. 2011, 10(2): 210–215.

[36] De S., Sarkar A. and Sarkar C. K. Modelling of parameters for asymmetric halo and

symmetric DHDMG n - MOSs. International Journal of Electronics. 2011, 98 (10):
1365-1381.

[37] Tarek M. Abdolkadera, Abdurrahman G. Alahdal. Performance optimization of single-
layer and double-layer high-kgate nanoscale ion-sensitive field-effect transistors [J].
Sensors and Actuators B. 2018, 259, 36-43.

[38] E. Rahman, A. Shadman, Q. D. M. Khosru. Effect of biomolecule position and fillin
factor on sensitivity of a dielectric modulated double gate junctionless MOS biosensor
[J]. Sens. Bio-Sens. Res. 2017, 13(3): 49-54.

[39] B. R. Dorvel, B. Reddy Jr. , J. Go, C. Duarte Guevara, et al. Silicon nanowires with
high-k hafnium oxide dielectrics for sensitive detection of small nucleic acid oligomers
[J]. Acs Nano. 2012, 6(7): 6150-6164.

[40] S. Rigante, P. Scarbolo, D. Bouvet, et al. Technological development of high-k dielectric
FinFETs for liquid environment [J]. Solid State Electron. 2014, 98, 81-87.

[41] P. D. van der Wal, D. Briand, G. Mondin, S. Jenny, et al. High-k dielectrics for use
as ISFET gate oxides [C]. Proceedings of IEEE Sensors. 2004, 677-680.

[42] B. Reddy Jr. , B. R. Dorvel, J. Go, P. R. Nair, et al. High - kdielectric Al_2O_3
nanowire and nanoplate field effect sensors for improved pHsensing Biomed [J]. Mi-
crodevices. 2011, 13(9): 335-344.

[43] Kanamura M, Ohki T, Imanishi K, et al. High power and high gain AlGaN/GaN
MIS-HEMTs with high-k dielectric layer [J]. Physica Status Solidi (C) Current
Topics in Solid State Physics. 2008, 5(6): 2037-2040.

[44] Abermann S, Pozzovivo, G, Kuzmik, J. Current collapse reduction in InAlN/GaN
MOS HEMTs by in situ surface pre-treatment and atomic layer deposition of ZrO2high-k
gate dielectrics[J]. Electronics Letters. 2009, 45(11): 570-572.

[45] DONALD C. MAYER. Modes of Operation and Radiation Sensitivity of Ultrathin SO1
Transistors [J]. IEEE Transactions on Electron Devices. 1990, 31(5): 1280-1288.

[46] J. P. Colinge, C. W. Lee, A. Afzalian, et al. SOI Gated Resistor: CMOS without Junctions
[C]. Proceedings IEEE International SOI Conference, USA. 2009, 1-2.

[47] T. Numata, S. Takagi. Device design for sub-threshold slope and threshold voltage con-
trol in sub-100-nm fully depleted SOI MOS [J]. IEEE Transactions on Electron De-
vices. 2004, 51(12): 2161-2167.

[48] J. R. Watling, L. Yang, M. Borici, et al. The impact of interface roughness scattering
and degeneracy in relaxed and strained Si n-channel MOS [J]. Solid State Electron-
ics. 2004, 48(8): 1337-1346.

[49] Colombo L, Resta R, Baroni S. Valence-band offsets at strained Si/Ge interfaces
[J]. Phys Rev B. 1991, 44(1): 5572-5579.

[50] Fischetti MV. Monte Carlo simulation of transport in technologically significant semicon-
ductors of the diamond and zinc-blende structures. I. Homogeneous transport [J].

IEEE Transactions on Electron Devices. 1991, 38(3): 634-649.

[51] Figuet C. and Kononchuk O. Development of analytical model for strained silicon relaxation on (100) fully relaxed $Si_{0.8}Ge_{0.2}$ pseudo-substrates [J]. Thin Solid Films. 2010, 518(9): 2458-2461.

[52] Lai Y., Bennett N.S., Ahn C., et al. Transient activation model for antimony in relaxed and strained silicon [J]. Solid-State Electronics. 2009, 53(11): 1173-1176.

[53] Fjer M., Persson S, Escobedo-Cousin E, et al. Noise performance in strained Si heterojunction bipolar transistors [C]. European Solid-State Device Research Conference. 2011, 271-274.

[54] Zhao Q. T, Yu W. J, Zhang B, et al. Tunneling field-effect transistor with a strained Si channel and a $Si_{0.5}Ge_{0.5}$ source [C]. European Solid State Device Research Conference. 2011, 12-16.

[55] Fjer M., Persson S., Escobedo-Cousin E., et al. Low frequency noise in strained Si heterojunction bipolar transistors [J]. IEEE Transactions on Electron Devices. 2011, 58(12): 4196-4203.

[56] Hu H, Zhang H, Song J, et al. Hole effective mass in strained Si (111) [J]. Science in China Series G (Physics, Mechanics and Astronomy). 2011, 54(3): 450-452.

[57] Colombo L, Resta R, Baroni S. Valence-band offsets at strained Si/Ge interfaces [J]. Phys Rev B. 1991, 44(1): 5572-5579.

[58] Bufler FM, Grak P, Keith S, et al. Full band Monte Carlo investigation of electron transport in strained Si grown on $Si_{1-x}Ge_x$ substrates [J]. Appl Phys Lett. 1997, 71 (16): 2144-2150.

[59] Chattopadhyay S, Driscoll L D, Kwa K S K, et al. Strained Si MOS on relaxed SiGe-platforms: Performance and challenges [J]. Solid State Electron. 2004, 48(4): 1407-1416.

[60] Guillaume T, Mouis M. Calculations of holes mass in [110] uniaxially strained silicon for the stress-engineering of p-MOS transistors [J]. Solid State Electron. 2006, 50 (4): 701-708.

[61] Rieger M M, Vogl P. Electronic-band parameters in strained $Si_{1-x}Ge_x$ alloys on $Si_{1-y}Ge_y$ substrates [J]. Phys Rev. 1993, 48(19): 276-287.

[62] Dhar S, Kosina H, Palankovski V, et al. Electron mobility model for strained-Si devices [J]. IEEE Trans Electron Devices. 2005, 52(4): 527-533.

[63] Smirnov S, Kosina H. Monte Carlo modeling of the electron mobility in strained $Si_{1-x}Ge_x$ layers on arbitrarily oriented Si_{1-y}Gey substrates [J]. Solid-State Electron. 2004, 48(8): 1325-1335.

[64] Fischetti M V, Laux S E. B. Structuredeformation potentialand carrier mobility in strained Si, Ge and SiGe alloy [J]. J Appl Phys. 1996, 80(4): 2234-2252.

[65] C. D. Nguyen, A. T. Pham, C. Jungemann, et al. Study of charge carrier quantization in strained Si-NMOS [J]. Materials Science in Semiconductor Processing. 2005, 8 (1): 363-366.

[66] Vogelsang T, Hofmann RK. Electron transport in strained Si layers on $Si_{1-x} Ge_x$ substrates [J]. Appl Phys Lett. 1993, 63(5): 186-188.

[67] Takagi S, Hoyt JL, Welser J, et al. Comparative study of phonon-limited mobility of two-dimensional electrons in strained and unstrained Si metal-oxide semiconductor field-effect transistors [J]. J Appl Phys. 1996, 80(3): 1567-1577.

[68] Rim K, Hoyt JL, Gibbons JF. Fabrication and analysis of deep submicron strained-Si N-MOS [J]. IEEE Trans Electron Devices. 2000, 47(7): 1406-1415.

[69] Tomohisa Mizuno, Naoharu Sugiyama, Tsutomu Tezuka, et al. Thin-Film Strained-SOI CMOS Devices—Physical Mechanisms for Reduction of Carrier Mobility [J]. IEEE TRANSACTIONS ON ELECTRON DEVICES. 2004, 51(7): 1114-1121.

[70] K. Rim, Chu, J., Chen, H., et al. Characteristics and device design of sub-100 nm strained-Si N- and PMOS [C]. IEEE Symposium on VLSI Circuits, Digest of Technical Papers. 2002, 98-99.

[71] M. T. Currie, C. W. Leitz, T. A. Langdo, et al. Carrier mobilities and process stability of strained - Si n and p - MOS on SiGe virtual substrates [J]. J. Vac. Sci. Technol. B. 2011, 19(6): 2268-2279.

[72] C. K. Maiti, L. K. Bera and S. Chattopadhyay. Strained-Si heterostructure field effect transistors [J]. Semicond. Sci. Technol. 1998, 13(11): 1225-1246.

[73] F. Gámiz, P. Cartujo-Cassinello, J. B. Roldán, et al. on transport in strained-Si inversion layers grown on SiGe-oninsulator substrate [J]. J. Appl. Phys. 2002, 92(1): 288-295.

[74] M. V. Fischetti, F. Gámis, and W. Hänsch. On the enhanced electron mobility in strained-silicon inversion layers [J]. J. Appl. Phys. 2002, 92(12): 7320-7324.

[75] J. Welser, J. L. Hoyt, and J. F. Gibons. Electron mobility enhancement in strained-Si N-type metal-oxide-semiconductor field-effect-transistors [J]. IEEE Electron Device Lett. 1994, 15(3): 100-102.

[76] T. Mizuno, N. Sugiyama, T. Tezuka, et al. High performance strained-SOI CMOS devices using thin film SiGe-on-insulator substrate. IEEE Trans. Electron Devices. 2003, 50, 988-994.

[77] Wu SL, Wang YP, Chang SJ. Controlled misfit dislocation technology in strained silicon MOS [J]. Semicond Sci Technol. 2006, 21, 44-47.

[78] Fiorenza JG, Braithwaite G, Leitz CW, et al. Film thickness constraints for manufacturable strained silicon [J]. Semicond Sci Technol. 2004, 19, L4-8L.

[79] Hoyt JL, Nayfeh HM, Eguchi S, et al. Strained silicon MOS technology [C]. Technical Digest - International Electron Devices Meeting. 2002, 23-26.

[80] Mizuno T, Takagi S, Sugiyama N, et al. Electron and hole mobility enhancement in strained-Si MOS on SiGe-on-Insulator substrates fabricated by SIMOX technology [C]. IEEE Electron Dev Lett. 2000, 21: 230-232.

[81] Nobuyuki Sugii, Digh Hisamoto, Katsuyoshi Washio, et al. Performance enhancement of strained-Si MOS fabricated on a chemical-mechanical-polished SiGe substrate. IEEE Transactions Electron Devices. 2002, 49(12): 2237-2243.

[82] Lee MH, Chen PS, Hua W-C, et al. Comprehensive low-frequency and RF noise characteristics in strained-Si NMOS [C]. Technical Digest International Electron Devices Meeting. 2003, 69-72.

[83] Ghani T, Armstrong M, Auth C, et al. A 90 nm high volume manufacturing logic technology featuring novel 45 nm gate length strained silicon CMOS transistors [C]. Technical digest, international electron device meeting (IEDM). 2003, 978-981.

[84] Ang K-W, Chui KJ, Bliznetsov V, et al. Enhanced performance in 50 nm N-MOS with silicon - carbon source/drain regions [C]. Technical digest, international electron device meeting (IEDM). 2004, 1069-1072.

[85] Hoyt JL, Nayfeh HM, Eguchi S, et al. Strained Si MOS technology [C]. Technical digest, international electron device meeting (IEDM). 2002, 23-26.

[86] Hua W-C, Lee MH, Chen PS, et al. Ge outdiffusion effect on flicker noise in strained-Si NMOS [J]. IEEE Electron Dev Lett. 2004, 25(10): 693-695.

[87] Welser J, Hoyt JL, Takagi S, et al. Strain dependence of the performance enhancement instrained-Si n-MOS [C]. Technical digest, international electron device meeting (IEDM). 1994, 373-376.

[88] Takagi S, Hoyt JL, Welser JJ, et al. Comparative study of phonon-limited mobility of two dimensional electrons in strained and unstrained Si metal-oxide-semiconductor field-effect-transistor [J]. J Appl Phys. 1996, 80, 1567-1577.

[89] Rim K, Hoyt JL, Gibbons JF. Fabrication and analysis of deep submicron strained-Si N-MOS [J]. IEEE Transactions Electron Devices. 2000, 47, 1406-1415.

[90] Rim K, Narasimha S, Longstreet M, Mocuta A, Cai J. Low field mobility characteristics of sub-100 nm unstrained and strained Si MOS [C]. Technical Digest International Electron Devices Meeting. 2002, 43-46.

[91] Irisawa T, Numata T, Tezuka T, et al. Electron transport properties of ultrathin-body and tri-gate SOI NMOS with biaxial and uniaxial strain [C]. Technical Digest International Electron Devices Meeting. 2006, 457-460.

[92] Driussi F, Iob R, Esseni D, et al. Investigation of the energy distribution of stress induced oxide traps by numerical analysis of the trap assisted tunneling of hot electrons[J]. IEEE Transactions Electron Devices. 2004, 51(10): 1570-1576.

[93] P. Martin-Gonthier, V. Goiffon, and P. Magnan. In-pixel source follower transistor RTS noise behavior under ionizing radiation in CMOS image sensors [J]. IEEE Trans-

actions Electron Devices. 2012, 59(6): 1686-1692.

[94] J. R. Schwank, M. R. Shaneyfelt, D. M. Fleetwood, et al. Radiation effects in MOS oxides [J]. IEEE Transactions on Nuclear Science. 2008, 55(4): 1833-1853.

[95] J. L. Titus and D. G. Platteter. Wafer mapping of total dose failure thresholds in a bipolar recessed field oxide technology [J]. IEEE Transactions on Nuclear Science. 1987, NS-34(6): 1751-1756.

[96] J. Zhang, E. Fretwurst, R. Klanner, et al. Investigation of X-ray induced radiation damage at the Si-SiO2 interface of silicon sensors for the European XFEL [J]. J. Instrumentation. 2012, 7(12): 1-11.

[97] V. Goiffon, M. Estribeau, O. Marcelot, et al. Radiation effects in pinned photodiode CMOS image sensors: Pixel performance degradation due to total ionizing dose [J]. IEEE Transactions on Nuclear Science. 2012, 59(6): 2878-2887.

[98] M. Kochiyama, T. Sega, K. Hara, et al. Radiation effects in silicon-on-insulator transistors with back-gate control method fabricated with OKI Semiconductor 0.20μm FD-SOI technology [J]. Nuclear Instruments & Methods in Physics Research Section A-Accelerators, Spectrometers, Detector and Associated Equipment. 2011, 636(1): S62-S67.

[99] D. Mahalanabis, H. J. Barnaby, M. N. Kozicki, et al. Investigation of single event induced soft errors in programmable metallization cell memory [J]. IEEE Transactions on Nuclear Science. 2014, 61(6): 3557-3563.

[100] G. J. Dunn. Generation of interface states in nitrided oxide gate dielectrics by ionizing radiation and Fowler-Nordheim stressing [J]. Appl. Phys. Lett. 1988, 53(6): 1650-1651.

[101] F. L. Terry, P. W. Wyatt, M. L. Naiman, et al. High-field electron capture and emission in nitrided oxides [J]. J. Appl. Phys. 1985, 57(3): 2036-2039.

[102] D. Chen, Pease, Ronald, Kruckmeyer et al. Enhanced Low Dose Rate Sensitivity at Ultra-Low Dose Rates [J]. IEEE Transactions on Nuclear Science. 2011, 58(60): 2983-2990.

[103] J. Boch, Saigné, F., Schrimpf, R. D., et al. Estimation of low-dose-rate degradation on bipolar linear integrated circuits using switching experiments [J]. IEEE Transactions on Nuclear Science. 2005, 56(6): 2616-2621.

[104] P. C. Adell, R. L. Pease, H. J. Barnaby, et al. Irradiation With Molecular Hydrogen as an Accelerated Total Dose Hardness Assurance Test Method for Bipolar Linear Circuits [J]. IEEE Transactions on Nuclear Science. 2009, 56(6): 3326-3333.

[105] 孙慧, 徐抒岩, 孙守红等. 航天电子元器件抗辐照加固工艺[J]. 电子工艺技术. 2013, 34(1): 44-46.

[106] 王剑屏, 徐娜军, 张廷庆等. 金属-氧化物-半导体器件γ辐照温度效应 [J]. 物理学报. 2000, 49(7): 1331-1334.

[107] BingxuNing, DaweiBi, HuixiangHuang, et al. Bias dependence of TID radiation responses of 0. 13 μm partially depleted SOI NMOS[J]. Microelectronics Reliability. 2013, 53(2): 259–264.

[108] 朱小锋，周开明，徐曦. 剂量率对 MOS 器件总剂量辐射性能的影响[J]. 核电子学与探测技术. 2000, 25(3): 322–325.

[109] 陈伟华，杜磊，庄奕琪等. MOS 器件结构电离辐射效应模型研究[J]. 物理学报. 2009, 58(6): 4090–4095.

[110] J. L. Hoyt, H. M. Nayfeh, S. Eguchi. Strained Silicon MOS technology [C]. International electron Devices Meeting Technical Digest. 2002, 23–26.

[111] J. R. Srour and J. W. Palko. A framework for understanding displacement damage mechanisms in irradiated silicon devices [J]. IEEE Transactions on Nuclear Science. 2006, 53(6): 3610–3620.

[112] O. Mitrofanov and M. Manfra. Poole–Frenkel electron emission from the traps in AlGaN/GaN transistors [J]. J. Appl. Phys. 2004, 95(11): 6414–6419.

[113] C. Y. Cheng, Niu, H. , Chen, C. H. , et al. Effect of proton–irradiation on photoluminescence emission from self–assembled InAs/GaAs quantum dots [J]. Nuclear Instruments and Methods in Physics Research, Section B: Beam Interactions with Materials and Atoms. 2007, 261(1): 1171–1175.

[114] H. L. Hughes and 1R. A. Giiroux. Space radiationi affects MOS [J]. Electronics. 1964, 37, 58–60.

[115] G. F. Derbenwick, B. L. Gregory. Process Optimization of Radiation–Hardened CMOS Integrated Circuits [J]. IEEE Transactions on Nuclear Science. 1975, 22 (6): 2151–2156.

[116] K. F. Galloway, M. Gaitan, T. J. Russell. A Simple Model for Separating Interface and Oxide Charge Effects in MOS Device Characteristics [J]. IEEE Transactions on Nuclear Science. 1984, 31(6): 1497–1501.

[117] P. M. Lenahanl, J. F. Conley, Jr. A comprehensive physically based predictive model for radiation damage in MOS systems [J]. IEEE Transactions on Nuclear Science. 1998, (45): 2413–2423.

[118] Hugh J. Barnaby, Mclain, Michael, Esqueda, Ivan Sanchez et al. Total–ionizing–dose effects on isolation oxides in modern CMOS technologies [J]. Nuclear Instruments and Methods in Physics Research B. 2007, 261, 1142–1145.

[119] James R. Schwank. Radiation Effects in MOS Oxides [J]. IEEE TRANSACTIONS ON NUCLEAR SCIENCE. 2008, 55(40): 1833–1853.

[120] Zhaorui Song, Cheng, Xinhong, Zhang, Enxia, et al. Influence of preparing process on total–dose radiation response of high–k H_f–based gate dielectrics [J]. Thin Solid Films. 2008, 517(1): 465–467.

[121] Sandeepan DasGupta, Amusan, Oluwole A, Alles Michael L et al. Use of a Contac-

ted Buried n+ Layer for Single Event Mitigation in 90 nm CMOS [J]. IEEE Transactions on Nuclear Science. 2013, 56(4): 2008-2013.

[122] F. Belgin Ergin, Raşit Turan, Sergiu T. Shishiyanu, et. al. Effect of γ-radiation on HfO2 based MOS capacitor [J]. Nuclear Instruments and Methods in Physics Research Section B: Beam Interactions with Materials and Atoms. 2010, 268(9): 1482-1485.

[123] Ming Chen, Zhang, Zhengxuan Wei, Xing Bi, et al. Transportation of carriers in silicon implanted SiO₂ films during ionizing radiation [J]. Nuclear Instruments and Methods in Physics Research B. 2012, 272, 266-270.

[124] M. Gaillardin, Martinez, M, Girard, S, et al. High Total Ionizing Dose and Temperature Effects on Micro- and Nano-electronic Devices [J]. IEEE Transactions on Nuclear Science. 2015, 62(3): 1226-1232.

[125] Jingqiu Wang, Lin Fujiang, Wang Donglin, et al. Collection of charge in NMOS from single event effect. IEICE Electronics Express [J]. 2016, 13(14): 1-8.

[126] Jie Luo, Liu, Jie, Sun, Youmei, et al. Influence of heavy ion flux on single event effect testing in memory devices [J]. Nuclear Instruments and Methods in Physics Research B. 2017, 406, 431-436.

[127] 万新恒, 张兴, 高文钰等. 低剂量辐照条件下的 MOS 器件因辐照导致的阈值电压漂移的模拟[J]. 北京大学学报(自然科学版). 2002, 38(1): 63-68.

[128] 万新恒, 张兴, 高文钰等. 高剂量辐照条件下的 MOS 总剂量辐照效应模型[J]. 半导体学报. 2001, 22(10): 1325-1328.

[129] 余学峰, 任迪远, 艾尔肯. MOS 器件结构热载子注入与总剂量辐照响应的相关性[J]. 半导体学报. 2005, 26(10): 1975-1978.

[130] 李冬梅, 皇甫丽英, 王志华等. 不同设计参数 MOS 器件的 γ 射线总剂量效应[J]. 原子能科学技术. 2007, 41(5): 522-526.

[131] 张科营, 郭红霞, 何宝平等. MOS 器件总剂量效应敏感参数及其损伤阈值的概率模型分析[J]. 核电子学与探测技术. 2009, 29(2): 419-422.

[132] 刘张李, 胡志远, 张正选等. 0.18umMOSFET 器件的总剂量辐照效应[J]. 物理学报. 2011, 60(11): 116103.

[133] 李念龙, 于奇, 王凯. MOS 器件结构 γ 总剂量效应仿真模型研究[J]. 微电子学. 2013, 43(3): 445-448.

[134] 连永昌. 应变 SiMOS 器件辐照特性研究[D]. 西安电子科技大学. 2014.

[135] O. Seifarth, B. Dietrich, P. Zaumseil, et al. Integration of strained and relaxed silicon thin films on silicon wafers via engineered oxide heterostructures: Experiment and theory [J]. JOURNAL OF APPLIED PHYSICS. 2010, 108, 073526(1-8).

[136] Rieger M. M. and Vogl P. Electronic-band parameters in strained Si1-xGex alloys on $Si_{1-y}Ge_y$ substrates [J]. Physical Review B (Condensed Matter). 1993, 48(19): 14276-14287.

[137] Douglas J Paul. Si/SiGe heterostructures: from material and physics to devices and circuits [J]. Semiconductor Science and Technology. 2004, 19, R75-R108.

[138] Gallon C, Reimbold G, Ghibaudo G, et al. Electrical analysis of mechanical stress induced by STI in short MOS using externally applied stress [J]. IEEE Transactions on Electron Devices. 2004, 51, 1254-1261.

[139] Miyamoto M, Ohta H, Kumagai Y, et al. Impact of reducing STI-induced stress on layout dependence of MOS characteristics [J]. IEEE Transactions on Electron Devices. 2004, 51, 440-443

[140] Lee WH, Waite A, Nii H, et al. High performance 65 nm SOI technology with enhanced transistor strain and advanced-low-K BEOL [C]. Technical Digest - International Electron Devices Meeting, IEDM. 2005, 56-59.

[141] Cacho F, Orain S, Cailletaud G, et al. A constitutive single crystal model for the silicon mechanical behavior: Applications to the stress induced by silicided lines and STI in MOS technologies[J]. Microelectronics Reliability. 2007, 47, 161-167.

[142] Chanemougame D, Monfray S, Boeuf F, et al. Performance boost of scaled Si PMOS through Novel SiGe Stressor for HP CMOS [C]. In Symposium on VLSI Technology, 14 June 2005, Kyoto, Japan. 2005: 180-181.

[143] Yiming L, Hung-Ming C, Shao-Ming Y, et al. Strained CMOS devices with shallow-trench-isolation stress buffer layers [J]. IEEE Transactions on Electron Devices. 2008, 55, 1085-1089.

[144] Chidambaram PR, Smith BA, Hall LH, et al. 35% drive current improvement from recessed-SiGe drain extensions on 37nm gate length PMOS[C]. In Symposium on VLSI Technology Digest of Technical Papers. 15 - 17 June 2004, Gaithersburg, USA. 2004: 48-49.

[145] Bai P, Auth C, Balakrishnan S, et al. A 65nm logic technology featuring 35nm gate lengths, enhanced channel strain, 8 Cu interconnect layers, low-k ILD and 0.57 SRAM cell. In IEDM. 2004, 657-660.

[146] Lee WH, Waite A, Nii H et al. High performance 65 nm SOI technology with enhanced transistor strain and advanced-low-K BEOL [C]. In International Electron Devices Meeting. 2005, 59-61.

[147] Yang HS, Malik R, Narasimha S, et al. Dual stress liner for high performance sub-45nm gate length SOI CMOS manufacturing [C]. In International Electron Devices Meeting. 13-15 Dec 2004, Piscataway, USA. 2005: 1075-1077.

[148] Mayuzumi S, Wang J, Yamakawa S, et al. Extreme high-performance n- and p-MOS boosted by dual-metal/high-k gate damascene process using top-cut dual stress liners on (100) substrates [C]. In IEDM, 10 - 12 Dec 2007, Piscataway, NJ, USA. 2007: 293-296.

[149] Cai M, Greene BJ, Strane J, et al. Extending dual stress liner process to high per-

formance 32nm node SOI CMOS manufacturing [C]. In IEEE International SOI Conference, 6–9 Oct. 2008, New Paltz, United states. 2008: 17–18.

[150] Mariko Mizuo, Tadashi Yamaguchi, Shuichi Kudo, et al. Impact of additional Pt and NiSi crystal orientation on channel stress induced by Ni silicide film in metal–oxide–semiconductor field–effect transistors [J]. Japanese Journal of Applied Physics. 2014, 53, 04EA02.

[151] Mariko Mizuo, Tadashi Yamaguchi, Shuichi Kudo, et al. Analysis of Channel Stress Induced by NiPt–Silicide in Metal–Oxide–Semiconductor Field–Effect Transistor and Its Generation Mechanism [J]. Japanese Journal of Applied Physics. 2013, 52, 096502.

[152] X. W. Zhang, S. P. Wong, and W. Y. Cheung. Effects of stress on electrical transport properties of nickel silicide thin layers synthesized by Ni – ion implantation [J]. JOURNAL OF APPLIED PHYSICS. 2002, 92(7): 3778–3783.

[153] A. L. Mishev, P. I. Y. Velinov, L. Mateev, et al. Ionization effect of solar protons in the Earth atMOSphere – Case study of the 20 January 2005 SEP event [J]. 2011, 48(7): 1232–1237.

[154] Bostanjyan, N. Kh, Chilingarian, et al. On the production of highest energy solar protons [J]. Adv. Space Res. 2007, 39 (9): 1456–1459.

[155] Damiani, A. Storini, M. Laurenza, et al. Solar particle effects on minor components of the Polar atMOS phere [J]. Ann. Geophys. 2008, 26(2): 361–370.

[156] Ruqiang Bao, Peter J. Brand, and Douglas B. Chrisey. Betavoltaic Performance of Radiation–Hardened High–Efficiency Si Space Solar Cells [J]. IEEE TRANSACTIONS ON ELECTRON DEVICES. 2012, 59(5): 1286–1294.

[157] C. Knight, J. Davidson, and S. Behrens. Energy options for wireless sensor nodes [J]. Sensors. 2008, 8(12): 8037–8066.

[158] R. Duggirala, H. Li, and A. Lal. High efficiency beta radioisotope energy conversion using reciprocating electromechanical converters with integrated betavoltaics [J]. Appl. Phys. Lett. 2008, 92 (15): 154104(3).

[159] Zhangli Liu, Zhiyuan Hu, Zhengxuan Zhang, et al. Total Ionizing Dose Enhanced DIBL Effect for Deep Submicron NMOSFET [J]. IEEE Transaction on Nuclear Science. 2011, 58(3): 1324–1331.

[160] Rathod S S, Saxena A K, Dasgupta S. Alpha–particle–induced effects in partially depleted silicon on insulator device: with and without body contact [J]. IET Circuits, Devices & Systems. 2011, 5(1): 52–58.

[161] F. B. McLean, H. E. Boesch Jr. , and T. R. Oldham. Electron–holegeneration, transport, and trapping in SiO2 in Ionizing Radiation Effects in MOS Devices and Circuits, T. P. Ma and P. V. Dressendorfer, Eds. New York, Wiley. 1989, 187–192.

[162] Eric M. Vogel, W. Kirklen Henson, Curt A. Richter, et al. Limitations of Conductance to the Measurement of the Interface State Density of MOS Capacitors with Tunneling Gate Dielectrics [J]. IEEE TRANSACTIONS ON ELECTRON DEVICES. 2000, 47(3): 601-608.

[163] M. R. Shaneyfelt, D. M. Fleetwood, J. R. Schwank, et al. Charge yield for cobalt-60 and 10 keV x – ray irradiations [J]. IEEE Trans. Nucl. Sci. 1991, 38 (6): 1187-1194.

[164] R. C. Hughes. Hole mobility and transport in thin SiO films [J]. Appl. Phys. Lett. 1975, 26(8): 436-438.

[165] C. Kittel. Introduction to Solid State Physics [M]. New York, Wiley. 1968.

[166] Jinghe Wu, Kangxian Guo, Guanghui Liu. Polaron effects on nonlinear optical rectification in asymmetrical Gaussian potential quantum wells with applied electric fields [J]. 2014, 446(1): 59-62.

[167] F. B. McLean and G. A. AusmanJr. Simple approximate solutions to continuous – time random–walk transport [J]. Phys. Rev. B. 1977, 15(2): 1052-1061.

[168] F. B. McLean, G. A. Ausman Jr. , H. E. Boesch Jr. , et al. Application of stochastic hopping transport to hole conduction in amorphous SiO_2 [J]. J. Appl. Phys. 1976, 4794): 1529-1532.

[169] W. L. Warren, M. R. Shaneyfelt, D. M. Fleetwood, et al. Microscopic nature of border traps in MOS devices [J]. IEEE Trans. Nucl. Sci. 1994, 41 (6): 1817-1827.

[170] A. Scarpa, A. Paccagnella, F. Montera, et al. Ionizing radiation induced leakage current on ultra – thin oxides [J]. IEEE Trans. Nucl. Sci. 1997, 44 (6): 1818-1825.

[171] M. Ceschia, A. Paccagnella, A. Cester, et al. Radiation – induced leakage current and stress induced leakage current in ultra – thin gate oxides [J]. IEEE Trans. Nucl. Sci. 1997, 45(6): 2375-2382.

[172] M. Ceschia, A. Paccagnella, M. Turrini, et al. Heavy ion irradiation of thin gate oxides [J]. IEEE Trans. Nucl. Sci. 2000, 47(6): 2648-2655.

[173] J. L. Autran, M. Glorieux, D. Munteanu, et al. Particle Monte Carlo modeling of single–event transient current and charge collection in integrated circuits[J]. 2014, 54(9): 2278-2283.

[174] B Peart, J W G Thomason and K Dolder. Direct and indirect ionization of Mgt by energy – resolved electrons [J]. J. Phys. 8: At. Mol. Opt. Phys. 1991, 24 (2): 4453-4463.

[175] Daniela Munteanu, Jean–Luc Autran. 3–D Numerical Simulation of Bipolar Amplification in Junctionless Double – Gate MOS under Heavy – Ion Irradiation [J]. IEEE Trans. Nucl. Sci. 2012, 59(4): 773-780.

[176] Kostyantyn Ilyenko, Tetyana Yatsenko, Gennadiy V. Sotnikov. Space – Charge Limited Current of Relativistic Charged–Particle Beam in Coaxial Drift Tube of Finite Length [C]. 2017 IEEE First Ukraine Conference on Electrical and Computer Engineering (UKRCON) 114-117.

[177] G. V. Sotnikov and T. Yu. Yatsenko. Space charge limiting current of an electron beam transported in a coaxial drift chamber [J]. Tech. Phys. 2002, 72(5): 22-25.

[178] K. Ilyenko, G. V. Sotnikov, and T. Yatsenko. Limiting current of axisymmetric relativistic charged–particle beam propagating in strong axial magnetic field in coaxial drift tube [J]. Phys. Plasmas. 2012, 19(6): 063107.

[179] Pablo San–Jose, Vincenzo Parente, Francisco Guinea, et al. Inverse Funnel Effect of Excitons in Strained Black Phosphorus [J]. PHYSICAL REVIEW X. 2016, 6 (3): 031046.

[180] Jorge Mena, Mario Gerla, Vana Kalogeraki. Mitigate Funnel Effect in Sensor NetworkswithMulti–Interface Relay Nodes [C]. IEEE International Conference on Distributed Computing in Sensor Systems. 2012, 216-223.

[181] Xavier Belredon, Jean–Pierre David, Dean Lewis, et al. Heavy Ion–Induced Charge Collection Mechanisms in CMOS Active Pixel Sensor [J]. IEEE TRANSACTIONS ON NUCLEAR SCIENCE. 2002, 49(6): 2836-2843.

[182] F. Y. Liu, I. Ionica, M. Bawedin, et al. Parasitic bipolar effect in ultra–thin FD SOI MOS Technology mapping for SOI domino logic incorporating solutions for the parasitic bipolar effect [J]. IEEE Transactions on Very Large Scale Integration (VLSI) Systems. 2003, 11(6): 1094-1105.

[183] Osama M. Nayfeh, Cáit Ní Chléirigh, Judy L. Hoyt, et al. Measurement of Enhanced Gate–Controlled Band–to–Band Tunneling in Highly Strained Silicon–Germanium Diodes [J]. IEEE ELECTRON DEVICE LETTERS. 2008, 29(50): 468-470.

[184] 宋建军, 张鹤鸣, 胡辉勇等. 应变 $Si_{1-x}Ge_x$ 能带结构研究[J]. 物理学报. 2009, 58(11): 7947-7951.

[185] 宋建军, 张鹤鸣, 戴显英等. 应变 Si 价带色散关系模型[J]. 物理学报. 2008, 57(11): 7228-7232.

[186] Schumacher H., Erben U and Gruhle A. Noise characterisation of Si/SiGe heterojunction bipolar transistors at microwave frequencies [J]. Electronics Letters. 1992, 28(12): 1167-1168.

[187] 赵丽霞, 张鹤鸣, 胡辉勇等. 应变 Si 电子电导有效质量模型[J]. 物理学报. 2010, 59(9): 6545-6548.

[188] Oberhuber R., Zandler G. and Vogl P. Subband structure and mobility of two–dimensional holes in strained Si/SiGe MOS [J]. Physical Review B (Condensed Matter). 1998, 58(15): 9941-9948.

[189] Xiao–Feng Fan, Leonard Franklin Register, Brian Winstead, et al. Hole Mobility and

Thermal Velocity Enhancement for Uniaxial Stress in Si up to 4 GPa[J]. IEEE TRANS-
ACTIONS ON ELECTRON DEVICES. 2007, 54(2): 291-296.

[190] 陈磊, 孙玲玲, 刘军. 小尺寸 MOS 器件晶体管的漏致势垒降低效应建模[J].
杭州电子科技大学学报. 2010, 30(3): 1-4.

[191] 王海栋. 单轴应变 nm NMOS 器件 MOS 器件结构研究[D]. 西安电子科技大
学. 2012.

[192] Taqi N. Buti, Seiki Ogura, Nivo Rovedo, et al. A New Asymmetrical Halo Source
GOLD Drain (HS-GOLD) Deep Sub-Half-Micrometer n-MOS Design for Reliability
and Performance [J]. IEFE TRANSACTIONS ON ELECTRON DEVICES. 1991, 18
(8): 1757-1764.

[193] S. Ogura, Tsang, Paul J., Walker, William W, et al. Design and characteristics of
the lightly doped drain/source (LDD) insulated gate field effect transistor [J]. IEEE
Trans. Electron Devices. 1980, ED-27(8): 1359-1367.

[194] AKoukab ABath. Procedure to minimize interface-state errors in MIS doping profile
determinations [J]. Solid-State Electronics. 1997, 41(4): 515-518.

[195] 胡辉勇, 刘翔宇, 连永昌等. γ 射线总剂量辐照效应对应变 SiP 型金属氧化物
半导体场效应晶体管阈值电压与跨导的影响研究[J]. 物理学报. 2014, 64
(23): 236102.

[196] Hiroshi KAMIMURA, Shinichi YOSHIOKA, Masatsugu AKIYAMA, et
al. Development of MOS Transistors for Radiation-Hardened Large Scale Integrated
Circuits and Analysis of Radiation-Induced Degradation[J]. Journal of Nuclear Sci-
ence and Technology. 1994, 31(1): 24-33.

[197] Bordallo C. C. M, Teixeira F. F, Silveira M. A. G, et al. Influence of X-ray
radiation on standard and uniaxial strained triple-gate SOI FinFETs [C].
Proceedings of the European Conference on Radiation and its Effects on Components
and Systems, RADECS, 2013 14th European Conference on. 2013, 1-4.

[198] Frank Stern. Self-consistent result for N-type Si inversion layer [J].
Phys. Rev. B. 1972, 5(12): 4891-4899.

[199] C. S. Ho, Kuo-Yin Huang, Ming Tang, et al. An analytical threshold voltage model
of NMOS with hot-carrier induced interface charge effect [J]. Microelectronics Reli-
ability. 2005, 45, 1144-1149.

[200] BUFLER F M, GRAF P, KEITH S. Full band montecarlo investigation of electron
transport in strained Si on $Si_{1-x}Ge_x$ substrates [J]. Appl Phys Lett. 1997, 70(16):
2144-2147.

[201] Pierret R F (translated by Huang R, Wang Q, Wang J Y) Fundamentals of Semi-
conductor Device (Beijing: Publishing House of Electronics Industry) [M]. 2010,
275-277.

[202] Hugh J. Barnaby, Michael Mclain, Ivan Sanchez Esqueda. Total-ionizing-dose

effects on isolation oxides in modern CMOS technologies [J]. Nuclear Instruments and Methods in Physics Research, Section B: Beam Interactions with Materials and Atoms. 2007, 261(1-2): 1142-1145.

[203] 吕懿, 张鹤鸣, 胡辉勇等. 单轴应变 Si NMOS 器件热载流子栅电流模型 [J]. 物理学报. 2014, 63(19): 197103.

[204] A. El-Hennawy, M. H. El-Said, J. Borel, et al. Modeling of MOS at strong narrow pulses for VLSI applications [J]. Solid-State Electron. 1987, 30(5): 519-526.

[205] 吴华英. 单轴应变 SiMOS 器件栅电流研究[D]. 西安电子科技大学. 2012.

[206] B. D. Weavera, E. M. Jackson, G. P. Summers. Disorder effects in reduced dimensionIndium-phosphide-based resonant tunneling diodes [J]. J. Appl. Phys. 2000, 88(11): 6951-6953.

[207] 吴华英, 张鹤鸣, 宋建军等. 单轴应变 Si 栅隧穿电流模型 [J]. 物理学报. 2011, 60(9): 097302(1-6).

[208] Toshifumi Irisawa, Toshinori Numata, Eiji Toyoda. Physical understanding of strained induced modulation of gate oxide reliability in MOS [J]. IEEE Trans. on Electron Devices. 2008, 55(11): 3159-3166.

[209] Ji-Song Lim, Xiaodong Yang, Toshikazu Nishida. Measurement of conduction band deformation potential constants using gate direct tunneling current in n-type metal oxide semiconductor field effect transistors under mechanical stress [J]. Applied Physics Letters. 2006, 89, 073509.

[210] Huixian Wu, Yijie Zhao, Marvin H. White. Quantum mechanical modeling of MOS gate leakage for high-k gate dielectrics [J]. Solid-State Electronics. 2006, 50(6): 1164-1169.

[211] Venema, Liesbeth C., Wildöer, Jeroen W. G., et al. Imaging electron wave functions of quantized energy levels in carbon nanotubes [J]. Science. 1999, 283 (5398): 52-55.

[212] Shigeki Kobayashi, Masumi Saitoh, Yukio Nakabayashi, et al. Experimental study of uniaxial stress effects on Coulomb-limited mobility in p-type metal-oxide-semiconductor field-effect transistors [J]. Applied Physics Letters. 2007, 91 (20): 203506(1-4).

[213] T. Irisawa, T. Numata, E. Toyoda. Physical Understanding of Strain Effects on Gate Oxide Reliability of MOS [C]. Symposium on VLSI Technology, VLSIT. 2007, 36-37.

[214] T. H. Ning, C. M. Osburn, H. N. Yu. Emission probability of hot electrons from silicon into silicon dioxide [J]. Journal of Applied Physics. 1977, 48 (1): 286-294.

[215] Fertig Chad, Gibble Kurt. Measurement and cancellation of the cold collision frequency shift in an 87Rb fountain clock [J]. Physical Review Letters. 2000, 85 (8):

1622−1625.

[216] Nicolaas W. van Vonno and Brent R. Doyle. Design Considerations and V erification Testing of an SEE−Hardened Quad Comparator [J]. IEEE TRANSACTIONS ON NUCLEAR SCIENCE. 2001, 48(6): 1859−1864.

[217] R. Koga, S. D. Pinkerton, S. C. MOS, et al. Observation of single event upsets in analog microcircuits [J]. IEEE Trans. Nucl. Sci. 1993, 40(6): 1838−1844.

[218] Taiki Uemura, Takashi Kato, Ryo Tanabe, et al. Exploring Well−Configurations for Minimizing Single Event Latchup [J]. IEEE TRANSACTIONS ON NUCLEAR SCIENCE. 2014, 61(6): 3282−3289.

[219] T. Aok. Dynamics of heavy−ion−induced latchup in CMOS structures [J]. IEEE Trans. Electron Devices. 1988, 35(11): 1885−1891.

[220] Cheng−Hao Yu, Ying Wang, Xin−Xing Fei, et al. Simulation Study of Single−Event Burnout in Power Trench ACCUFETs [J]. IEEE TRANSACTIONS ON NUCLEAR SCIENCE. 2016, 63(5): 2709−2715.

[221] 刘恩科, 朱秉升, 罗晋生等. 半导体物理学[M]. 2013.

[222] 徐新宇. 场效应晶体管的单粒子瞬态效应及加固方法研究[D]. 湘潭大学. 2015.

[223] Sandeepan DasGupta, Oluwole A. Amusan, Michael L. Alles, et al. Use of a Contacted Buried n^+ layer for Single Mitigation in 90 nm CMOS [J]. IEEE TRANSACTIONS ON NUCLEAR SCIENCE. 2009, 56(4): 2008−2013.

[224] Tania Roy, A. F. Witulski, R. D. Schrimpf, et al. Single Event Mechanisms in 90 nm Triple−Well CMOS Devices [J]. IEEE TRANSACTIONS ON NUCLEAR SCIENCE. 2008, 55(6): 2948−2956.

[225] Noel J P, Thomas O, Fenouillet B C, et al. Robust multi−VT 4T SRAM cell in 45 nm thin BOX fully−depleted SOI technology with ground plane [J]. IEEE Inernationl Conference on IC Design and Technology, Austin: IEEE. 2009.

[226] Fan M L, Wu Y S, Hu V P, et al. Comparison of 4T and 6T FinFET SRAM Cells for Subthreshold Operation Considering Variabilit−−A Model−Based Approach [J]. IEEE Transactions on Electron Devices. 2011, 58(3): 609−616.

[227] Raine M, Gaillardin M, Paillet P, et al. Experimental Evidence of Large Dispersion of Deposited Energy in Thin Active Layer Devices[J]. IEEE Transactions on Nuclear Science. 2011, 58(6): 2664− 2672.

[228] Rodbell K P, Heidel D F, Tang H K, et al. Low−energy Proton−Induced Single−Event−Upsets in 65 nm Node, Silicon−on−Insulator, Latches and Memory Cells[J]. IEEE Transactions on Nuclear Science. 2007, 54(6): 2474−2479.

[229] Heidel D F, Marshall P W, Label K A, et al. Low Energy Proton Single Event Upset Test Results on 65 nm SOI SRAM [J]. IEEE Transactions on Nuclear Science. 2008, 55(6): 3394−3400.

[230] Heidel D F, Rodbell K P, Oldiges P, et al. Single Event Upset Critical Charge Measurements and Modeling of 65 nm Silicon-on-Insulator Latches and Memory Cells [J]. IEEE Transactions on Nuclear Science. 2006, 53(6): 3512-3517.

[231] Petersen E L. Predictions and Observations of SEU Rates in Space [J]. IEEE Transactions on Nuclear Science. 1997, 44(6): 2174-2187.

[232] Reed R A, Marshallet P W, Kimal H S, et al. Evidence for angular effects in proton-induced single-event upsets [J]. IEEE Transactions on Nuclear Science. 2002, 49(6): 3038-3044.

[233] Hauser J R, Diehl-Nagle S E, Knudson A R, et al. Ion Track Shunt Effects in Multi-JunctionStructures [J]. IEEE Transactions on Nuclear Science. 1985, 32 (6): 4115-4121.

[234] Petersen E L, Pickel J C, Adams J H, et al. Rate Predictions for Single Event Effects-Critique I [J]. IEEE Transactions on Nuclear Science. 1992, 39 (6): 1577-1599.

[235] Petersen E L, Pouget V, Massengill L W, et al. Rate Predictions for Single Event Effects-Critique II [J]. IEEE Transactions on Nuclear Science. 2005, 52 (6): 2158-2167.

[236] Reed R A. Prediction Proton-Induced Single Event Upsets Rates [D]. Clemson: Clemson University. 1994.

[237] Mamouni F El, Zhang E X, Pate N D, et al. Laser- and Heavy Ion-Induced Charge Collection in Bulk FinFETs [J]. IEEE Transactions on Nuclear Science. 2011, 58 (6): 2563-2569.

[238] Mamouni F El, Zhang E X, Schrimpf R D, et al. Pulsed laser-induced transient currents in bulk and silicon-on-insulator FinFETs [C]. IEEE International Reliability Physics Symposium. 2011: 882-885.

[239] Mamouni F El, Zhang E X, Ball D R, et al. Heavy-Ion-Induced Current Transients in Bulk and SOI FinFETs [J]. IEEE Transactions on Nuclear Science. 2012, 59 (6): 2674-2681.

[240] Amusan O A, Witulski A F, Massengill L W, et al. Charge Collection and Charge Sharing in a 130 nm CMOS Technology [J]. IEEE Transactions on Nuclear Science. 2006, 53(6): 3253-3258.

[241] Sierawski B D, Pellish J A, Reed R A, et al. Impact of Low-Energy Proton Induced Upsets on Test Methods and Rate Prediction [J]. IEEE Transactions on Nuclear Science. 2009, 56(6): 3085-3092.

[242] Ball D R, Alles M L, Schrimpf R D, et al. Comparing single event upset sensitivity of bulk vs. SOI based FinFET SRAM cells using TCAD simulations[C]. IEEE international SOI Conference. 2010, 3(12): 1-2.

[243] Turowski M, Raman A, Xiong W. Physics-Based Modeling of Nonplanar Nanodevices

(FinFETs) and Their Response to Radiation [C]. IEEE International Conference on Mixed Design of Integrated Circuits and Systems, 2011: 460-465.

[244] Lee S, Kim I, Ha S, et al. Radiation-induced soft error rate analyses for 14 nm FinFET SRAM devices [C]. IEEE International Reliability Physics Symposium. 2015: 4B. 1. 1-4B. 1. 4.

[245] 王桂珍, 白小燕, 郭晓强等. CMOS 电路瞬态辐照脉冲宽度效应的实验研究 [J]. 强激光与粒子束. 2009, 21(5): 742-744.

[246] 王桂珍, 齐超, 林东生等. EEPROM 瞬时剂量率效应实验研究[J]. 原子能科学技术. 2014, 48(增刊1): 727-731.

[247] 田恺, 曹洲, 薛玉雄等. 脉冲激光参数对单粒子翻转阈值能量的影响[J]. 真空与低温. 2008, 14(1): 57-62.

[248] Liu B W, Chen S M, Liang B, et al. Temperature Dependency of Charge Sharing and MBU Sensitivity in 130-nm CMOS Technology [J]. IEEE Transactions on Nuclear Science. 2009, 56(4): 2473-2479.

[249] Qin J R, Chen S M, Chen J J, et al. Power Voltage Scaled Dependency of Propagating SET Pulsewidth in 90-nm CMOSTechnology [J]. IEEE Transactions on Device and Materials Reliability. 2014, 14(1), 139-145.

[250] 刘征, 陈书明, 梁斌等. 单粒子瞬变中的双极放大效应研究[J]. 物理学报. 2010, 59(1): 649-654.

[251] Qin J R, Chen S M, Chen J J. 3-D TCAD simulation study of the single event effect on 25 nm raised source-drain FinFET [J]. Science China Technological Sciences. 2012, 55(6): 1576-1580.

[252] 李达维, 秦军瑞, 陈书明. 25 nm 鱼鳍型场效应晶体管中单粒子瞬态的工艺参数相关性研究[J]. 国防科技大学学报. 2012, 34(5): 127-131.

[253] Yu J T, Chen S M, Chen J J, et al. Fin width and height dependence of bipolar amplification in bulk FinFETs submitted to heavy ion irradiation [J]. Chinese Physics B. 2015, 24(11): 119401.

[254] Gaillardin M, Paillet P, Cavrois V F, et al. Total Ionizing Dose Effects on Triple-Gate FETs [J]. IEEE Transactions on Nuclear Science. 2006, 53(6): 3158-3165.

[255] Mamouni F EI, Zhang E X, Schrimpf R D, et al. Fin-Width Dependence of Ionizing Radiation-Induced Subthreshold-Swing Degradation in 100-nm-Gate-Length FinFETs [J]. IEEE Transactions on Nuclear Science. 2009, 56 (6): 3250-3255.

[256] Put S, Simoen E, Jurczak M, et al. Influence of Fin Width on the Total Dose Behavior of p-Channel Bulk MuGFETs [J]. IEEE Transactions on Nuclear Science. 2010, 31(3): 243-245.

[257] 赖祖武. 抗辐射电子学—辐射效应加固原理[M]. 北京: 国防工业出版社. 1998: 18-19.

[258] Baumann R C. Soft errors in advanced semiconductor devices-part I: the three radiation sources [J]. IEEE Transactions on Device and Materials Reliability. 2001, 1 (1): 17-22.

[259] Kirkpatrick S. Modeling Diffusion and Collection of Charge from Ionizing Radiation in Silicon Devices [J]. IEEE Transactions on Electron Devices. 1979, 26 (11): 1742-1753.

[260] Cavrois V F, Gasiot G, Marcandella C, et al. Insights on the Transient Response of Fully and Partially Depleted SOI Technologies Under Heavy-Ion and Dose-Rate Irradiations [J]. IEEE Transactions on Nuclear Science. 2002, 49(6): 2948-2956.

[261] Munteanu D, Autran J. 3-D Simulation Analysis of Bipolar Amplification in Planar Double - Gate and FinFET with Independent Gates [J]. IEEE Transactions on Nuclear Science. 2009, 56(4): 2083- 2090.

[262] Kawasaki H, Basker V S, Yamashita T, et al. Challenges and solutions of FinFET Integration in an SRAM cell and a logic circuit for 22 nm node and beyond [J]. Journal of Econometrics. 2009, 159(1): 1-4.

[263] Guo Z, Balasubramanian S, Zlatanovici R, et al. FinFET - Based SRAM Design [J]. International Symposium on Low Power Electronics & Design. 2005: 2-7.

[264] Neamen D A. Semiconductor Physics and Devices Basic Principles [M]. 3rd ed. Beijing: Publishing House of Electronics Industry (in Chinese). 2003.

[265] Zhuo Q Q. Two-dimensional numerical analysis of the collection mechanism of single event transient current in NMOSFET [J]. Acta Physica Sinica. 2012, 61 (21): 514-518.

[266] Oluwole A, Amusan, Arthur F, et al. Charge Collection and Charge Sharing in a 130 nm CMOS Technology [J]. IEEE Transactions on Nuclear Science. 2006, 53 (6): 3253-3258.

[267] Cavrois V F, Vizkelethy G, Paillet P, et al. Charge Enhancement Effect in NMOS Bulk Transistors Induced by Heavy Ion Irradiation—Comparison With SOI [J]. IEEE Transactions on Nuclear Science. 2004, 51(6): 3255-3262.

[268] Munteanu D, Autran J L. 3-D Numerical Simulation of Bipolar Amplification in Junction less Double - Gate MOSFETs under Heavy - ion Irradiation [J]. IEEE Transactions on Nuclear Science. 2012, 59(4): 773-780.

[269] Vinodhkumar N, Bhuvaneshwari YV, Nagarajan KK, et al. Heavy-ion irradiation study in SOI-based and bulk-based junction less Fin FETs using 3D-TCAD simulation[J]. Microelectronics Reliability. 2015, 55 (12): 2647-2653. 1.

[270] Hirose K, Saito H, Kuroda Y, et al. SEU Resistance in Advanced SOI-SRAMs Fabricated by Commercial Technology Using a Rad-Hard Circuit Design [J]. IEEE Transactions on Nuclear Science. 2002, 49(6): 2965-2968.

[271] Pickel J C, Blandford J T. Cosmic-Ray-Induced Errors in MOS Devices[J]. IEEE

Transactions on Nuclear Science . 1980，27（2）：1006-1015.

［272］Dodd P E, Massengill L W. Basic Mechanisms and Modeling of Single-Event Upset in Digitial Microelectronics ［J］. IEEE Transactions on Nuclear Science. 2003, 50 （3）：583-602.

［273］Dodd P E, Shaneyfelt M R, Schwank J R, et al. Current and Future Challenges in Radiation Effects on CMOS Electronics ［J］. IEEE Transactions on Nuclear Science. 2010, 57（4）：1747-1763.

［274］Schrimpf R D, Warren K M, Weller R A, et al. Reliability and Radiation Effects in IC Technologies ［C］. IEEE International Reliability Physics Symposium. 2008：97-106.

［275］李达维. 纳米 CMOS 器件单粒子效应机理的若干关键影响因素研究［D］. 长沙：国防科学技术大学博士学位论文 . 2013.

［276］Barillot C, Calvel P. Review of Commercial Spacecraft Anomalies and Single-Event-Effect Occurr-ences ［J］. IEEE Transactions on Nuclear Science. 1996, 43（2）：453-460.

［277］Binder D, Smith E C, Holman A B. Satellite Anomalies from Galactic Cosmic Rays ［J］. IEEE Transactions on Nuclear Science. 1975, 22（6）：2675-2680.

［278］Ziegler J F, Lanford W A. Effect of Cosmic Rays on Computer Memories ［J］. Science. 1979, 206（4420）：776-788.

［279］王长河. 单粒子效应对卫星空间运行可靠性影响［J］. 半导体情报 . 1998, 35（1）：1-8.

［280］ Santarini M. Cosmic radiation comes to ASIC and SOC design ［J］. EDN. 2005（5）：46.

［281］Hazucha P, Svensson C. Impact of CMOS technology scaling on the atmospheric neutron soft error rate ［J］. IEEE Transactions on Nuclear Science. 2000, 47（6）：2586-2594.

［282］Baumann R C. Radiation-induced soft errors in advanced semiconductor technologies ［J］. IEEE Transactions on Device and Materials Reliability. 2005, 5（3）：305-316.

［283］刘征. 纳米集成电路单粒子效应的电荷收集及其若干影响因素研究［D］. 长沙：国防科学技术大学 . 2011.

［284］耿超. 微纳级 SRAM 器件单粒子效应理论模拟研究［D］. 北京：中国科学院大学 . 2013.

［285］Mavis D G, Eaton P H. Soft Error Rate Mitigation Techniques for Modern Microcircuits ［C］. IEEE International Reliability Physics Symposium. 2003：60-70.

［286］Benedetto J, Eaton P, Avery K, et al. Heavy Ion-Induced Digital Single Event Transients in Deep Submicron Processes ［J］. IEEE Transactions on Nuclear Science. 2004, 51（6）：3480-3485.

[287] Moore G E. Cramming More Components Onto Integrated Circuits [J]. Electronics. 1965, 38(8): 82-85.

[288] Muller R S, Kamina T I, and Chan M. Device Electronics for Integrated Circuits [M]. 3rd ed. John Wiley and sons. 2003.

[289] Li Pengwei, Wang Wenyan, Luo Lei, et al. The Investigation on Single Event Function Failure for DC/DC Converters with Three Single Terminal Topological Structures [J]. Chinese Journal of Electronics. 2016, 25(6): 1097-1100.

[290] Zhenyu Wu, Shuming Chen. nMOS Transistor Location Adjustment for N-Hit Single-Event Transient Mitigation in 65-nm CMOS Bulk Technology[J]. IEEE Transactions on Nuclear Science. 2018, 65(1): 418-425.

[291] Farah El Mamouni. Single-Event-Transient Effects in Sub-70nm Bulk and SOI Fin-FETs [D]. Graduate School of Vanderbilt University. 2012.

[292] G. C. Messenger. Collection of Charge on Junction Nodes from Ion Tracks [J], IEEETransactions on Nuclear Science. 1982, 29(6): 2024-2031.

[293] ShanShan Qin, HeMing Zhang, HuiYong Hu, et al. A two - dimensional subthreshold current model for strained-Si MOSFET [J]. Science China. 2011, 54 (12): 2181-2185.

[294] Xu Jingyan, Chen Shuming, Song Ruiqiang, et al. Analysis of single - event transient sensitivity in fully depleted silicon-on-insulator MOSFETs [J]. Nuclear Science and Techniques, 2018, 29(4).

[295] He Yi-Bai, Chen Shuming. Experimental verification of the parasitic bipolar amplification effect in PMOS single event transients [J]. Chinese Physics B. 2014, 23(7).

[296] Boram Yi, Boung Jun Lee, Jin-Hwan Oh, et al. Physics-Based Compact Model of Parasitic Bipolar Transistor for Single - Event Transients in FinFETs [J]. IEEE Transactions on Nuclear Science. 2018, 65(3): 866-870.

[297] Fleetwood, Daniel M. Evolution of Total Ionizing Dose Effects in MOS Devices With Moore's Law Scaling [J]. IEEE Transactions on Nuclear Science. 2018, 65(8): 1465-1481.

[298] 吕懿, 张鹤鸣, 胡辉勇等. 单轴应变 Si N 型金属氧化物半导体场效应晶体管源漏电流特性模型[J]. 物理学报. 2015, (19): 197301-1-197301-6.

[299] JT Teherani. A Comprehensive Theoretical Analysis of Hole Ballistic Velocity in Si, SiGe, and Ge: Effect of Uniaxial Strain, Crystallographic Orientation, Body Thickness, and Gate Architecture [J]. IEEE Transactions on Electron Devices. 2017, 99: 1-8.

[300] Amrita Kumari, Subindu Kumar, et al. Das On the C-V characteristics ofNanoscale strained gate - all - around Si/SiGe MOSFETs [J]. Solid-State Electronics. 2019, 154: 36-42.